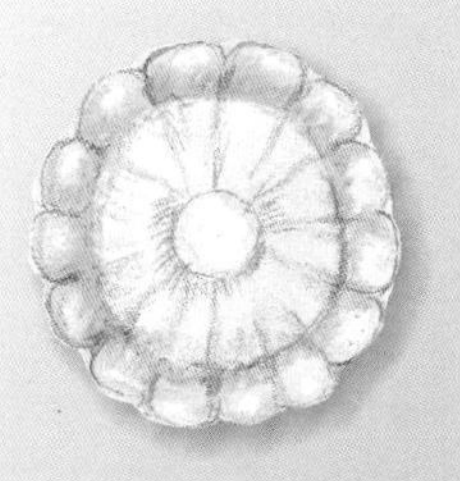

这本书属于

____

大自然的珍贵礼物

[奥地利] 苏珊娜·莉娅 **著**

[奥地利] 苏珊娜·莉娅　艾娃·鲁道夫斯基 **绘**
刘　莎 **译**

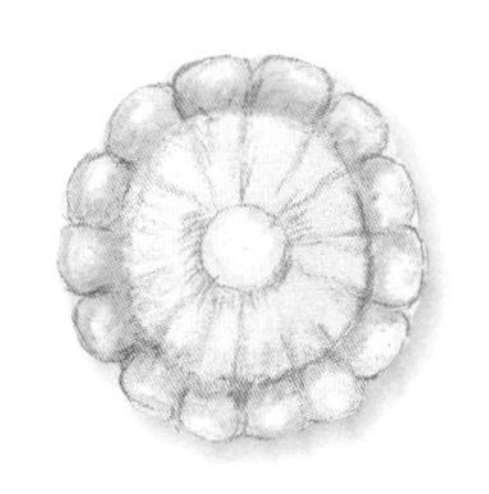

河北出版传媒集团　河北少年儿童出版社

图书在版编目(CIP)数据

大自然的珍贵礼物 / (奥) 苏珊娜·莉娅著 ; (奥)苏珊娜·莉娅, (奥) 艾娃·鲁道夫斯基绘 ; 刘莎译. —石家庄 : 河北少年儿童出版社, 2017.10 (2020.8重印)
ISBN 978-7-5595-0557-6

Ⅰ. ①大… Ⅱ. ①苏… ②艾… ③刘… Ⅲ. ①自然科学—青少年读物 Ⅳ. ①N49

中国版本图书馆CIP数据核字(2017)第206751号

大自然的珍贵礼物 DAZIRAN DE ZHENGUI LIWU

[奥地利]苏珊娜·莉娅 **著** [奥地利] 苏珊娜·莉娅 艾娃·鲁道夫斯基 **绘** 刘 莎 **译**

策 划	段建军 李雪峰 赵玲玲	版权引进	梁 容
责任编辑	邢 薇 郑 哲	特约编辑	童 婧 曹 聪
美术编辑	牛亚卓	装帧设计	杨 元

出 版 河北出版传媒集团 河北少年儿童出版社
(石家庄市桥西区普惠路6号 邮政编码: 050020)
发 行 全国新华书店
印 刷 鸿博睿特(天津)印刷科技有限公司
开 本 889mm×1194mm 1/12
印 张 4.67
版 次 2017年10月第1版
印 次 2020年8月第7次印刷
书 号 ISBN 978-7-5595-0557-6
定 价 49.80元

目录

俯身倾听自然的心跳 …………1

水 ……………………………2

木头 …………………………4

石头 …………………………6

苹果 …………………………8

小麦 …………………………10

番茄 …………………………12

马铃薯 ………………………14

鳞茎植物 ……………………16

玉米 …………………………18

橄榄 …………………………20

柑橘 …………………………22

目录

香料植物……24

真菌……26

水稻……28

香蕉……30

棉花……32

盐……34

糖……36

南瓜……38

可可……40

大自然观察笔记……42

俯身倾听自然的心跳

这是一本清新、质朴而又珍贵的少儿科普书。

她不同于一般的科普百科书，不会罗列大量枯燥的数据，以孩子们喜爱的方式展现出一幅幅隽秀的自然画卷。

她也不同于图鉴式或者立体式的科普书，虽然图片逼真、制作震撼，让孩子们觉得别开生面，却不经意间忽略了知识本身。

她清新淡雅，用一幅幅精心雅致的铅笔画和一行行简洁生动的文字把科普知识如诗歌般娓娓道来，让孩子们读起来轻松有趣，受益匪浅。

水、木头、石头、苹果、小麦、棉花、糖等等这些司空见惯的来自大自然的产物，每一种背后都藏着无比神奇、丰富和实用的科普知识。孩子们通过阅读可以了解看起来平凡无奇的马铃薯也曾经开过鲜艳娇嫩的花；能够明白不起眼儿的小石头和我们的生活紧密相关；也能亲睹玉米变成爆米花的神奇过程……这本书专门把这些孩子们身边常见的事物收集起来，仔细用心地讲解清楚。她既朴实又真诚。

作者每讲到一种事物，为了把相关的知识点诠释得更加生动有趣，都会配上一些有趣的小实验和小手工，让孩子们在了解科普知识之后，马上实践，从而加深对知识的认知和理解。

无论是小石头、马铃薯还是玉米，以及书中提到的其他事物，都是大自然对人类的丰厚恩赐，是无比珍贵的礼物，每一种都值得我们人类珍惜。

作为人类的孩子，应该去了解这些来自大自然的珍贵礼物，学习其中的知识，把它们变成一份力量，让自己有能力去欣赏大自然、爱护大自然！

这本书不仅有清新漂亮的插图，还有丰富的研究数据和文献资料，这些均为作者于2015年在奥地利的研究统计结果。

水

水是我们生活中常见的物质之一。它没有颜色、没有气味也没有味道，是大自然中唯一一种能以固态、液态、气态3种状态存在的物质。当水被放在0℃以下的环境中时，它会冻结成冰或者雪；当水周围环境的温度比较高时，它会蒸发变成气态。

你知道吗？地球上水的总量是通过水循环的方式保持不变的：海洋中的水在太阳的照射下蒸发变成水蒸气，大量的水蒸气在高空形成云，当它们遇到冷空气时会凝结成小水滴，以雨、雪、冰雹等形式再次回到地面，渗入土壤。一部分水会以泉水的形式再次回到地表，形成溪流，流入大海；另一部分则被留在地下，形成地下水。

没有水就没有生命，人、动物、植物都需要水。对于我们人类而言，洁净的饮用水非常重要。如果我们不小心使用了受到污染的水，就有可能会引发多种疾病。但在地球总水量中，只有极小一部分水是洁净的饮用水，其余大部分水则是无法直接饮用的咸水。所以对于许多水资源匮乏的地区来说，洁净的饮用水简直是“奢侈品”。

我们可以利用汽车、飞机、火车、轮船等各种各样的工具来运输物品。但利用船只在水上运输是世界范围内最主要的运输货物的方式。如今，超过2／3的货物是通过这种方式运输的。水不仅可以用来运输货物，还可以用来发电，当流水推动水电站内巨大的涡轮时，电就产生了。

当你游泳时，有没有发现自己不会完全沉入水中？这是因为浮力在帮助你。浮力是指浸在液体（或气体）里的物体受到液体（或气体）向上托的力。一个物体在盐水中受到的浮力比在淡水中的大。因此，在海水中游泳要比在游泳池里容易一些。

地球为什么被称为“蓝色星球”呢？
因为，地球表面70%的面积被水覆盖着。

水的应用：在日常生活中，我们会直接或间接地利用水。喝水、洗涤都是直接利用水；而生产食物、制造衣服等大多数物品的过程中都会间接利用水。

水彩吹画

材料：1张厚纸，1盒水彩，1杯水，1支毛笔，1支铅笔。

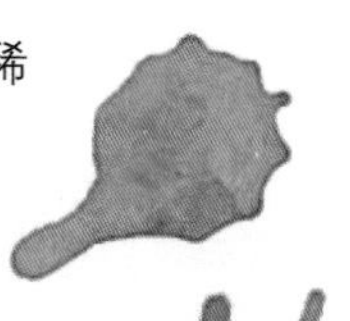

1 在纸上滴一滴被水稀释过的水彩。

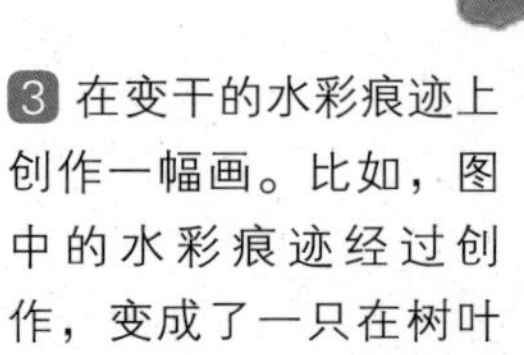

2 向各个方向吹动这滴水彩并晾干。

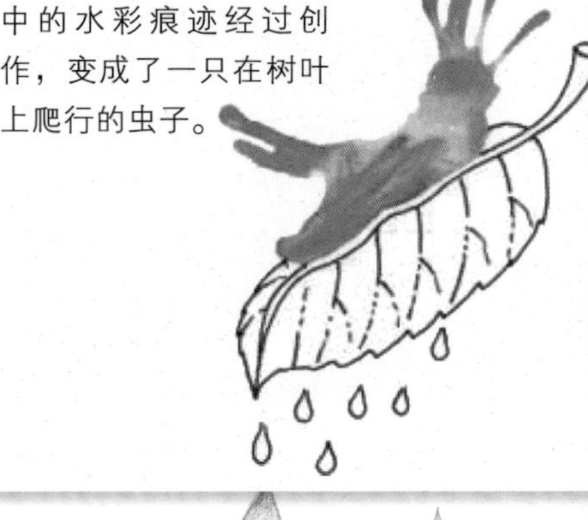

3 在变干的水彩痕迹上创作一幅画。比如，图中的水彩痕迹经过创作，变成了一只在树叶上爬行的虫子。

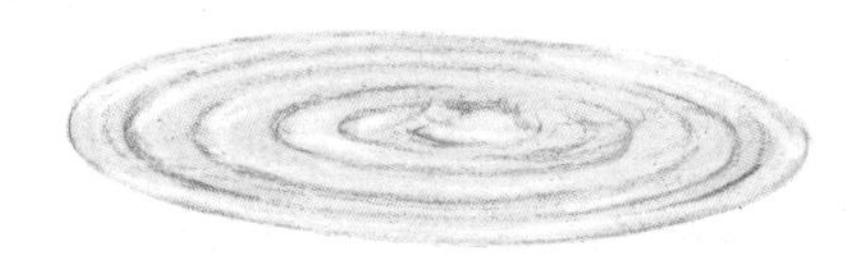

水的浮力

材料：1杯水，1个生鸡蛋，1勺盐。

1 将生鸡蛋小心地放入水杯。

2 向杯中逐渐加盐并缓缓搅动，看看会出现什么有趣的现象。

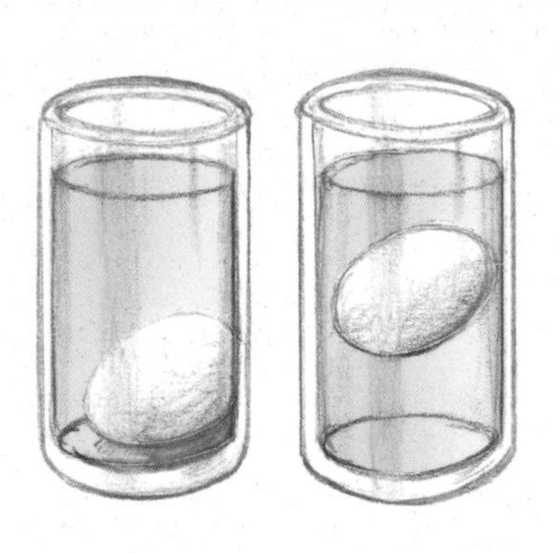

水

水是地球上的重要资源之一。

雨水

“蓝色星球”——地球

雪花

冰山

瀑布

温泉冒出的水蒸气

水电站

货轮

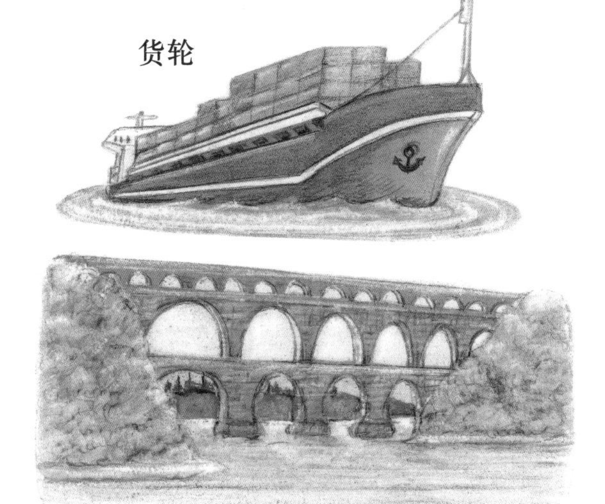

高架引水桥

（古罗马时期的引水建筑）

世界水日：每年的3月22日是世界水日。

早在古罗马时期，人们就建造了高架引水桥，把泉水引入城市。

木　头

一棵树（或者灌木）由树根、树干、树枝、树叶等部分组成，当它们被砍伐下来后就变成了可供使用的木头。当我们仔细观察树干的横截面时，会发现它从内到外是由髓心、心材、边材、形成层、树皮等部分构成的。就像我们人体的各种器官有不同功能一样，树干的这几个组成部分也有它们不同的功能：心材像树木的骨头，可以让树木更加坚固稳定；边材像树木的血管，可以输送水和矿物质；形成层是树的生长层，能够一圈圈地生长形成年轮，向我们展示树木的年龄；树皮是由韧皮部和外表皮共同构成的，能够保护树干，减少外部环境对树干的伤害。

木头是我们生产生活中广泛使用的原材料之一。它非常坚固，可以漂浮，也可以燃烧。但你知道吗？有的木头有弹性，可以弯曲；有的木头会散发迷人的气味；当我们燃烧木头时，它们还会发出有趣的“噼啪”声。人们会根据木材的不同特性来给它们分类，可分为硬质木材和软质木材。

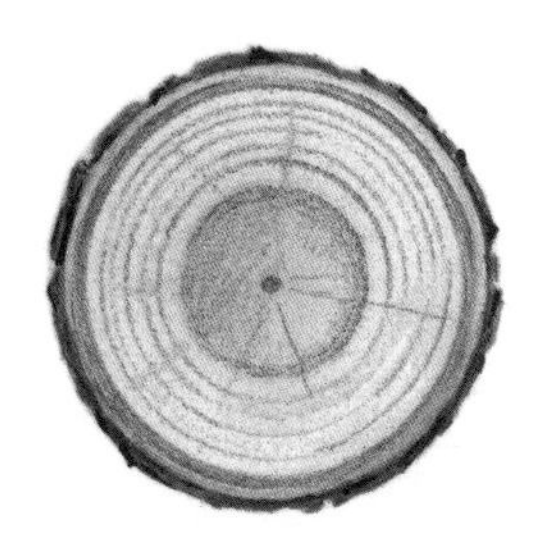

树干会告诉我们树木的年龄，因为年轮就在树干里。每年树木都会向外生长一圈，但生长的速度是不一样的。当我们观察木头的横截面时，会发现年轮也是宽窄不一的。宽的年轮代表着这一年风调雨顺，好的生长环境可以为树木提供充足的水和养分，就像我们的身体如果摄取了充足的营养会长得健壮一样，充分汲取水和养分的树木会在风调雨顺的年份中长得更高更壮；而窄的年轮则代表这一年的环境条件不太理想，比如雨水少时，这一年树木就会长得慢一些。

人们常利用木头来建造房屋、制作实用建筑（如栅栏、舞台、仓库等）、制造船舶、家具等，也会将木头作为燃料来使用。如今，木屑和颗粒状的木头是人们常用的燃料。

纸张是用木纤维制造出来的。有些乐器也是用木头制作的，但需要使用十分特别的木材。

木材是非常环保的材料，也是一种自然的、可再生的原材料。什么是可再生的原材料呢？即在自然界中可以不断再生、永续利用的资源，具有取之不尽、用之不竭的特点。虽然木材是可再生资源，但它的“可持续性”却不容乐观。如何保持木材资源的“可持续性”呢？人们需要做到，在一定时间段内，砍伐树木的数量不能比这一时间段内生长起来的树木数量多。

小鸟的巢箱

材料：1块树皮，1个圆形蛋糕盒，麦秆若干，1把锯，1瓶胶水，1段铁丝，1根绳子。

1 把树皮锯成片。

2 围绕蛋糕盒底座粘一圈长度相等的树皮，短的树皮可以用来做巢箱的门。

3 在蛋糕盒的盖子上钻一个洞，将绳子穿过洞并打结。然后把这个盖子粘在树皮的顶端。

4 在绳子周围围一层麦秆并用铁丝固定，做成房顶。春天的时候，你把做好的巢箱挂到户外就可以啦。

木 头

木头是非常环保的、可再生的原材料。

云杉

软木，质地轻软
常用于房屋建造、家具制造

松树

软木，有弹性
常用于房屋建造、家具制造

山毛榉

硬木，质地沉重
常用于家具制造，也被当作木柴使用

橡树

硬木，质地沉重
常用于船舶制造、家具制造

木柴

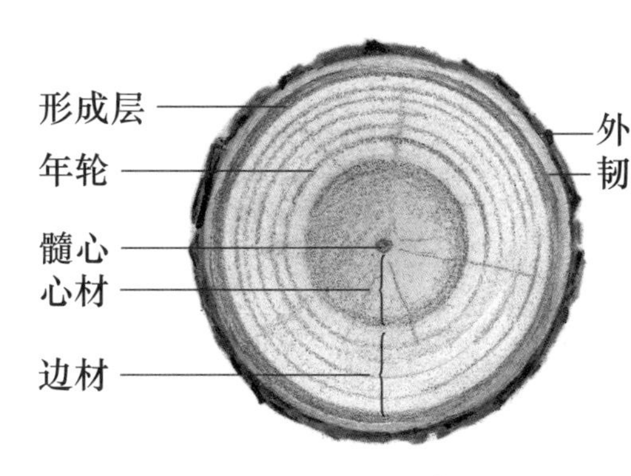

树干（横截面）

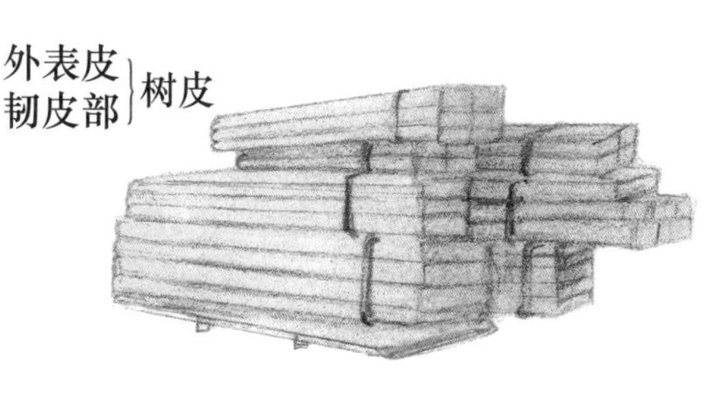

建筑木材

家具制造

造纸

实用建筑

在石器时代，人们主要用木头来生火。而且，最早的船只也是用木头制造的。

石　头

石头不只是单调的灰色，它们五彩斑斓，形状各不相同。无论是小石子儿还是巨大的岩块，都是从巨大的岩层分离下来的。

像水一样，岩石也有自己独特的循环方式，但这个循环过程非常漫长，大约需要2亿年。循环的基础是地球特殊的构造。地球的外壳——地壳由许多板块构成，这些板块会慢慢移动，有时会相互挤压。在这个过程中，石头慢慢地发生变化，与其他物质融合、分离，原本在上层的岩石就会到达地球内部。岩石有3种产生方式：凝固、变质、沉积。这也导致了不同种类岩石的产生：岩浆岩、变质岩、沉积岩。

地球内部温度很高，石头在那里熔化成了液体，即岩浆。岩浆到达地壳时，会冷却并且凝固。有的岩浆留在地表下面，有的则会在火山爆发时直接流到地表。例如浮岩和玄武岩就属于凝固形成的岩石——岩浆岩。

由地表向下，温度会越来越高，压力也会越来越大，这会使不同种类的石头相互转化。比如，石灰岩会变成大理石，泥质岩会变成页岩。

变质岩由最小的岩石微粒构成，这些微粒是经过风化，即风、太阳、雨和冰的多重作用从岩块和其他岩石层磨蚀下来的。

当变质岩进入江河湖海后，会和动物的残骸一起沉到水底部。渐渐地，这些微粒会被压成沉积岩。

从岩石上脱落的较大的石块被称为碎石，较小的碎石则被称为碎石子儿。在河流中，这些石头经过长时期的冲刷与摩擦，就变成了圆石和卵石。

精致的石头项链

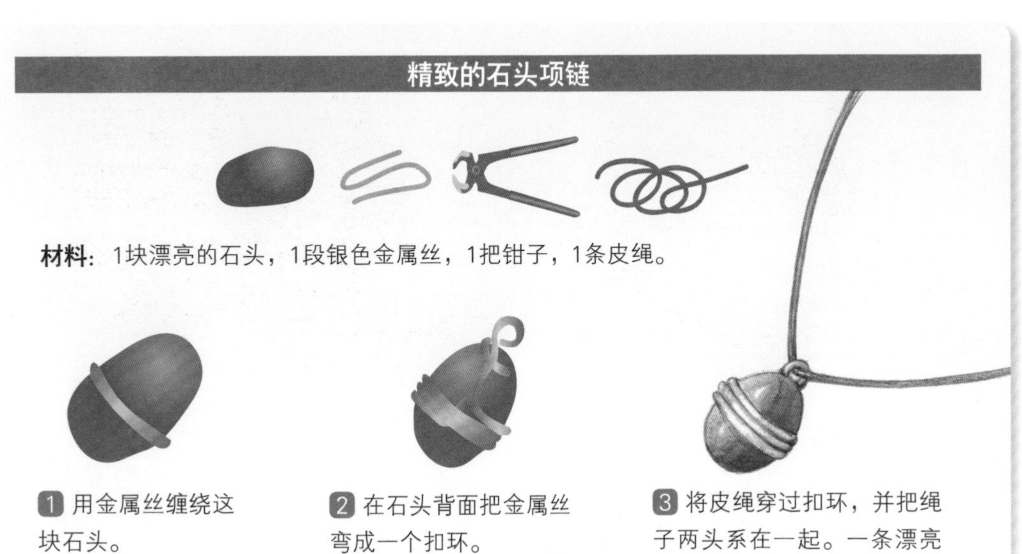

材料： 1块漂亮的石头，1段银色金属丝，1把钳子，1条皮绳。

1. 用金属丝缠绕这块石头。
2. 在石头背面把金属丝弯成一个扣环。
3. 将皮绳穿过扣环，并把绳子两头系在一起。一条漂亮的石头项链就做好啦！

漂亮的石头地砖

材料： 光滑的石头若干，适量水泥粉（使用时请戴好橡胶手套），1个盒盖。

1. 用水把水泥粉搅拌成浓稠的糊状，然后在盒盖中均匀涂抹至大约1.5厘米的厚度。

2. 把石头挨个按压进泥浆中，注意要露出石头的表面部分。然后晾干。

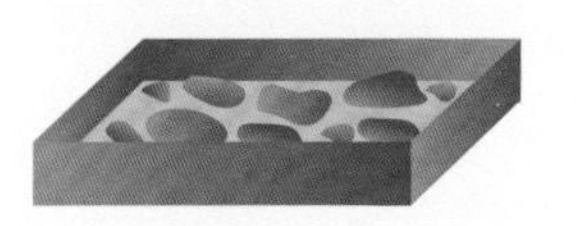

3. 仔细剪开盒盖边缘，你就可以把做好的地砖拿出来啦！

你可以根据自己的喜好在地砖底面贴一层毛毡进行加固。

对一些病症有辅助治疗作用的石头： 石头是由不同矿物质构成的，因此有些石头对一些病症具有辅助治疗的作用。比如，人们可以根据自身需要在身上佩戴石头或者在房间里摆放石头。

石头

在地壳板块运动的过程中会产生不同种类的岩石。

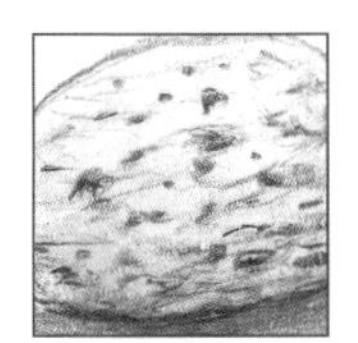
浮岩
岩浆岩

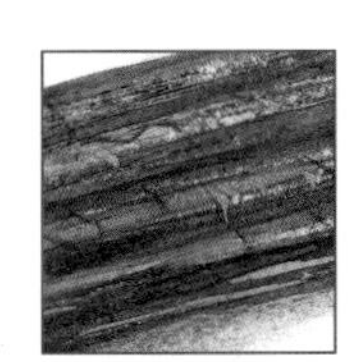
玄武岩
岩浆岩

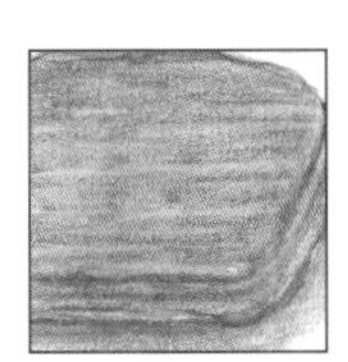
砂岩
沉积岩

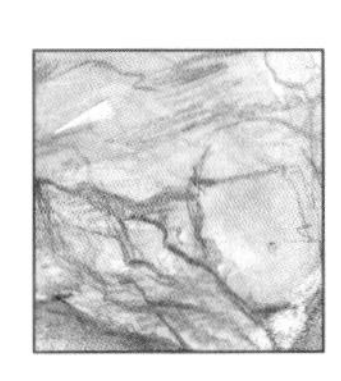
石灰岩
沉积岩

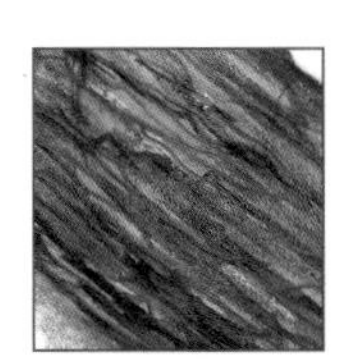
页岩
变质岩

大理石
变质岩

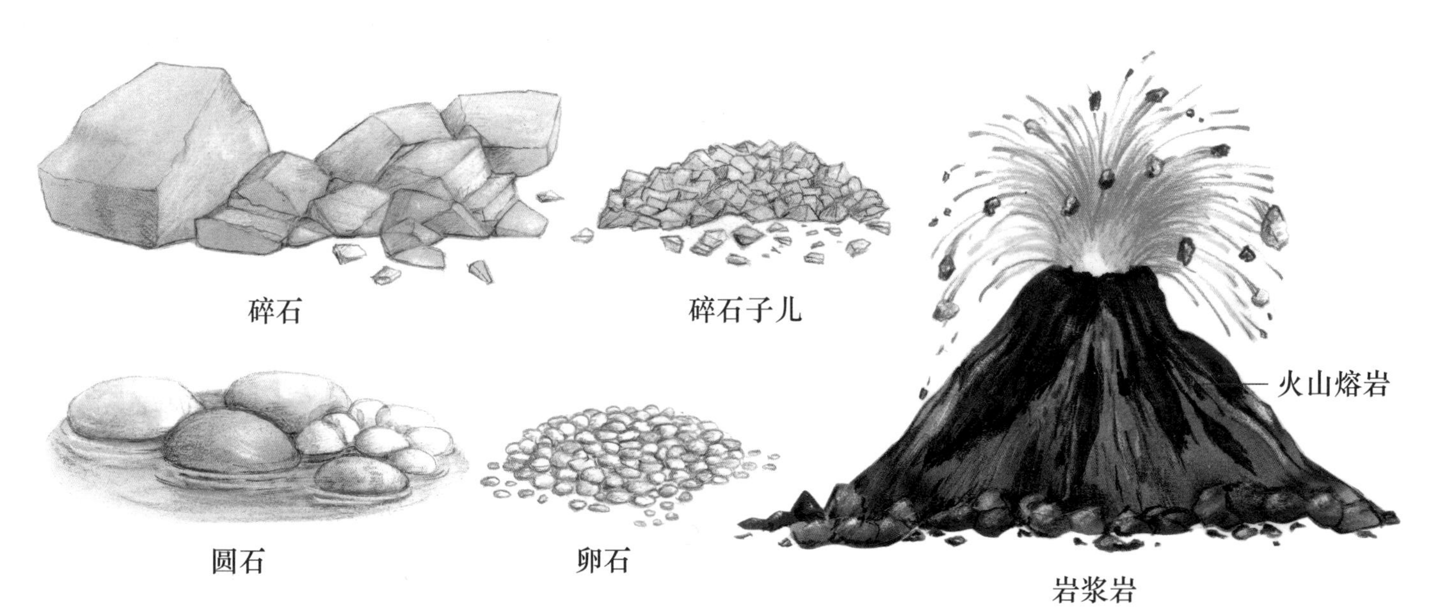

石头建筑

巨石阵，英国，新石器时代

金字塔，埃及，始建于约公元前2650年

巴特农神庙，希腊，建于公元前447～前438年

除了木头以外，石头也是世界上非常古老的建筑材料之一。因为它十分坚固且性质非常稳定，所以很多在古希腊时期甚至更早建造的石头建筑一直保存到了今天。

苹 果

苹果是一种常见的水果，而且，不同品种的苹果的收获时间是不同的，可分为夏季苹果、秋季苹果和冬季苹果。

每个苹果都是由果柄、苹果皮、苹果肉、果心、果核等部分构成的。果柄就是我们常说的苹果把儿，别看它外表纤细，但木质坚硬，能够将沉甸甸的苹果固定在树上。果皮是苹果的“衣服”，可以保护苹果。果皮富含维生素，果皮大多是绿色、黄色、黄红色或红色的。果皮包裹着果肉，不同的苹果吃起来口感不同，有的微酸，有的香甜，有的紧实，有的爽脆多汁，有的绵糯少汁。苹果的“心脏”——果心有5个腔室，果核就长在这些腔室内。因此苹果是“核果”。果心也可以食用，但味道大都不太好。我们可以在苹果的最底部——像“肚脐”一样的部位看到干枯花朵的残余部分，这就能看出苹果是从花朵里生长出来的。

你见过苹果花吗?

苹果树大约在每年四至五月开花，苹果花是白里透粉的，它们必须通过蜜蜂传粉，才能发育长出苹果，因此它们属于所谓的“蜜蜂传粉花朵”，即“虫媒花”。由于苹果的品种不同，果实成熟所需的时间也不同，但大多数品种都可以在秋季采摘。

苹果富含水分、多种维生素和矿物质，是非常有益健康的水果。因此我们常听到这样一句有趣的格言：“日食一苹果，医生远离我。”意思是如果我们每天吃一个苹果就不会生病，也就不需要看医生了。苹果有多种吃法，不仅可以直接食用，还可以加工成能够长期储存的产品，比如苹果汁、苹果酱或者苹果罐头。

苹果树中也有属于攀缘类果树的品种。这类苹果树的枝干能够像葡萄藤那样沿着绳子或者支架攀缘生长。这类苹果树生长所需要的空间较少，也比较方便人们采摘果实。

苹果干的制作方法

1. 将苹果削皮，尽可能削出长长的果皮，然后把果皮悬挂晾干。

2. 用去核器把苹果核压出来。把苹果切成圆环状，并用绳子串起来，挂到干燥的地方，晾晒风干至少两周时间。

苹果酱的制作方法

材料： 3个苹果，1片桂皮，1勺糖，1根搅拌棒。

1. 将苹果削皮、去核，切成小块，放入锅中。
2. 向锅中加入糖和桂皮，开火煮至苹果块柔软，然后挑出桂皮。
3. 用搅拌棒把煮好的苹果块打成糊状，冷却即可。苹果酱很适合搭配饼干或蛋糕食用。

墙面装饰品——生虫的苹果

材料： 彩纸（红色、绿色、棕色彩纸各1张），1瓶胶水，1支铅笔。

1. 从绿色纸上剪下两条约1.5厘米宽的纸条。将两纸条摆成直角状，用胶水将纸条末端粘在一起。反复交叉折叠成弹簧状。

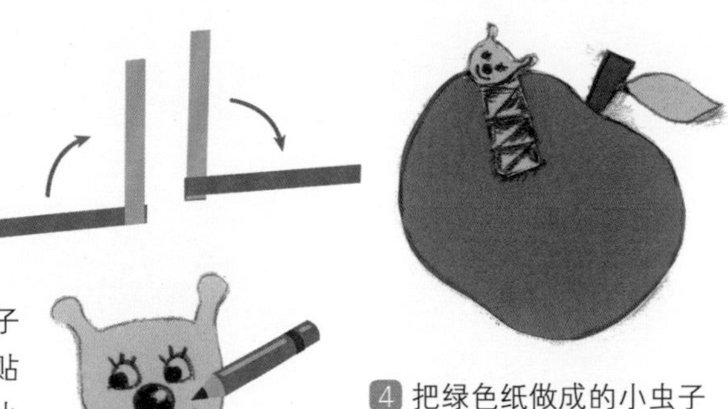

2. 在剩余的绿色纸上剪出小虫子面部的形状并画上五官，然后贴在叠成弹簧状的纸条上，这样小虫子就做好了。

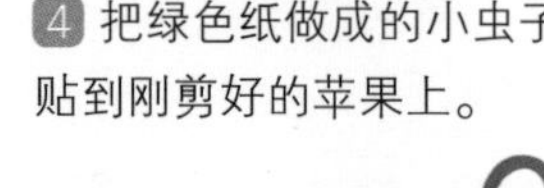

3. 将红色纸剪成苹果的形状，剩余的绿色纸剪成树叶的形状，棕色纸剪成果柄的形状，并将它们拼贴在一起。

4. 把绿色纸做成的小虫子贴到刚剪好的苹果上。

水果小贴士： 为了防止苹果受到害虫的侵害，果农们会在大多数苹果的生长过程中喷洒农药。因此，在食用前一定要先把苹果洗干净。

苹 果

苹果的“心脏”有5个腔室。

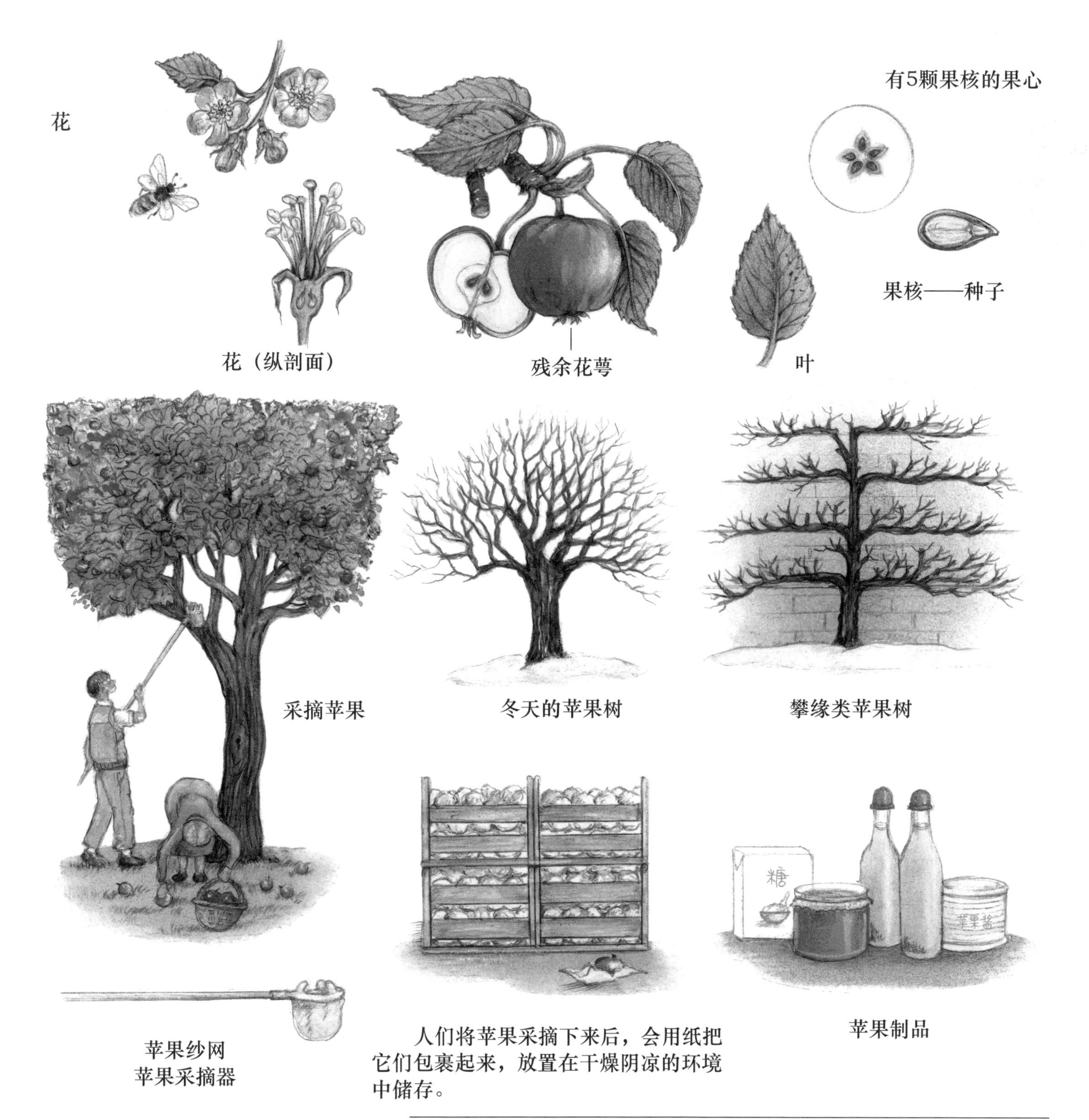

人们将苹果采摘下来后，会用纸把它们包裹起来，放置在干燥阴凉的环境中储存。

苹果原本是一种野生的果子。在很久以前，人们发现了可以大量得到更大、更多汁、更甘甜的苹果的方法，那就是“嫁接”。

小　麦

小麦是除了玉米和水稻之外种植范围极为广泛的粮食作物。我们吃的面食主要是用小麦磨成的粉制作而成的。像所有谷物品种一样，小麦属于禾本植物。

小麦的种类繁多（比如斯佩尔特小麦就是小麦的一个亚种），并且大多数小麦是冬小麦。当人们在秋季播种后，种子很快就会发芽，长出的幼苗非常健壮，能够度过寒冷的冬天。第二年春天，它们会迅速生长到0.5～1米高，同时也会长出叶子和两三根麦秆，麦秆上长有穗状的花序。不久，小麦花就会受粉，长成果实——麦粒。一个成熟的麦穗上最多能长出几十颗麦粒。人们也会在每年春天播种春小麦，虽然它比冬小麦生长得快，但是结出的麦粒不如冬小麦多。

小麦成熟后，人们会如何收割它们呢？无论是冬小麦还是春小麦，人们都是在盛夏时节使用联合收割机收割的。联合收割机有一个大大的滚筒，当机器将小麦收割下来后，会把它们运送到这个大滚筒中给麦穗脱粒。然后鼓风机会把麦粒和麦粒的外壳——麦糠分开。麦秸（麦秆和叶子）和麦糠会被倒回麦田里成为养料或用作饲料，而麦粒则被收入存储罐中。

我们可以用小麦做出很多美味的食物。收获的大部分麦粒会被磨成用来制作各类面点的面粉，也可以进一步加工成粗粒小麦粉、啤酒、小麦胚芽油或者淀粉。此外，小麦也是一种实用的动物饲料。

面包烘焙小妙招

材料：一块酵母，450毫升温水，0.5千克全麦面粉，2小勺盐，2勺苹果醋，南瓜子或葵花子若干，1个长方形烤盘，适量黄油。

1 将酵母块放在碗里捣碎，加入水搅拌均匀。

2 在碗中加入全麦面粉、南瓜子或葵花子、盐和醋，然后把它们揉成一个面团。如果你不会揉面，可以请爸爸妈妈教你揉面的方法。

3 用黄油涂抹烤盘内壁，将面团放进烤盘。在面团表面蘸上温水，再撒上一层瓜子。

4 把面团放入预热到200℃的烤箱中烘焙约1小时，你就能吃到自己亲手制作的香喷喷的面包啦！

用麦穗制作桌面装饰品

材料：麦穗若干，花若干，1根绳子，1条彩带。

1 将麦穗和花用绳子扎紧，整理美观。

2 把麦秆和花茎的底部剪齐，并将它们的末端向外掰弯，确保花束能够立稳。

3 最后在绳子外面用彩带扎上漂亮的蝴蝶结。现在你可以把这个花束放到新出炉的面包旁边啦。

包裹着“外衣”的麦粒——全麦：如果磨面时去掉麦粒的种皮进行研磨，磨出的面粉会很白。相反，如果使用包裹着“外衣”的麦粒，就会磨出全麦面粉。麦粒的“外衣”——种皮中含有人体必需的维生素和矿物质，因此常吃全麦面粉会让我们更加健康。

麦穗上细细的尖毛被称为芒。小麦的芒很短，大麦的芒就长得多。

小 麦

全世界小麦的年产量超过7亿吨。

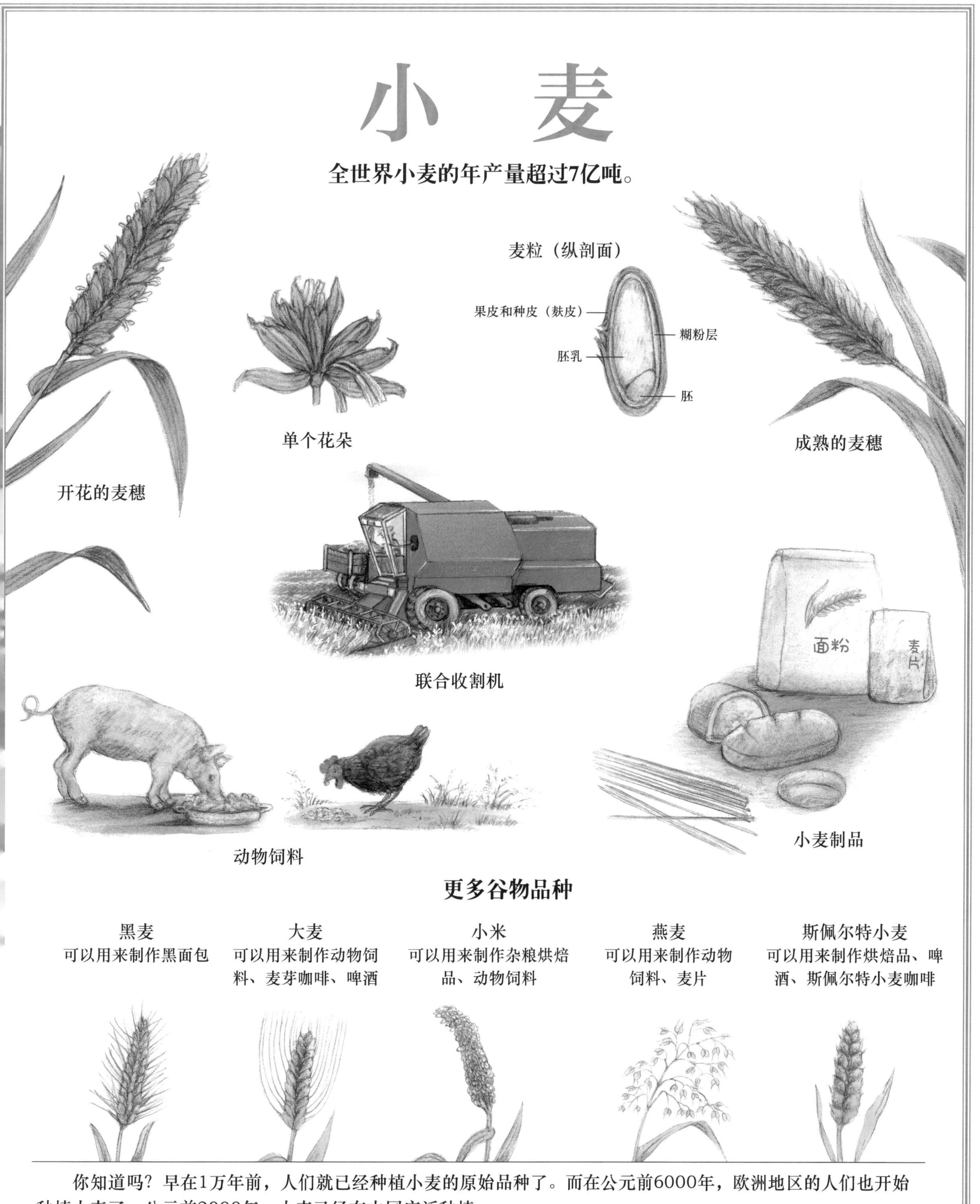

更多谷物品种

黑麦
可以用来制作黑面包

大麦
可以用来制作动物饲料、麦芽咖啡、啤酒

小米
可以用来制作杂粮烘焙品、动物饲料

燕麦
可以用来制作动物饲料、麦片

斯佩尔特小麦
可以用来制作烘焙品、啤酒、斯佩尔特小麦咖啡

你知道吗？早在1万年前，人们就已经种植小麦的原始品种了。而在公元前6000年，欧洲地区的人们也开始种植小麦了。公元前2000年，小麦已经在中国广泛种植。

番 茄

番茄又被称为西红柿、洋柿子，是我们常见的蔬菜之一。番茄家族十分庞大，不同种类的番茄不但大小和形状不一样，就连颜色也有很大差别：有黄色的、绿色的、橙色的、紫色的，甚至还有黑色的。但大多数品种是红色的。

番茄的生长需要合适的温度、阳光和水。但番茄需要的水不是天上落下来的雨水：番茄不喜欢雨水，因此人们会将它们种植在棚内。有些番茄生长在温室里，它们的根并没有扎在土壤里，而是浸泡在营养液中，这些营养液中含有植株生长所需要的多种营养物质。

番茄是如何从一朵花变成沉甸甸的果实的?

番茄的花是黄色的，这些花朵必须经过授粉才能最终长成番茄。生长在户外的番茄是借助风和蜜蜂的力量完成授粉的，而生长在温室里的番茄则需要在人工饲养的蜜蜂的帮助下来完成授粉。虽然通过温室种植的方式能让我们全年都吃到番茄，但这些番茄的生长过程缺乏直接日照和土壤中的营养元素，因而没有室外生长的番茄口感好。

番茄是非常健康的食品，它的主要成分是水，也含有许多维生素和营养物质，因此很受人们欢迎。全球平均每年每人要吃掉超过20千克番茄。

番茄的加工方式多种多样：可制成番茄酱、番茄汁等食品，也可以做许多菜品的配菜。

可以吃的蛤蟆菌

材料： 1个番茄，2个煮熟的鸡蛋，适量罗勒叶片，适量蛋黄酱。

1 将鸡蛋剥皮，用刀削平一头顶端。将被削平的一面向下放入盘中。

2 把番茄切成两瓣，掏空果瓤。

3 把上一步处理好的番茄扣到鸡蛋上，并用蛋黄酱点缀。

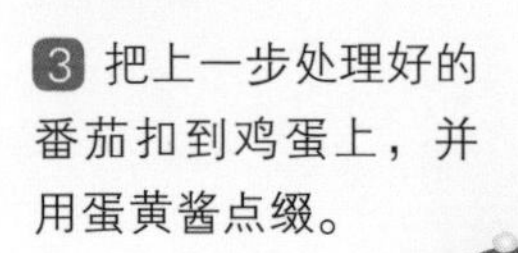

4 最后把罗勒叶片围在“小蘑菇”的周围。

星星比萨饼

材料： 面片若干，1个星形饼干模具，小番茄若干，白干酪若干，适量盐，适量牛至叶粉。

1 用星形饼干模具在面片上压模，压出星形面片。

2 把番茄和白干酪切成薄片，放到星形面片上。

3 在“星星”上撒一层盐和牛至叶粉。

4 把“星星”放入预热至200℃的烤箱中烘焙20分钟即可。

茄属植物： 番茄、土豆和柿子椒都是茄属植物。为了保护自己免受害虫啃食，茄属植物的绿色植株部分都会带有轻微毒性。因此，番茄的绿色秆柄是不能吃的。

当你把番茄切开后，会看到它有许多像小房子一样的腔室，腔室里面是番茄的种子。

番 茄

全球平均每年每人要吃掉超过20千克番茄。

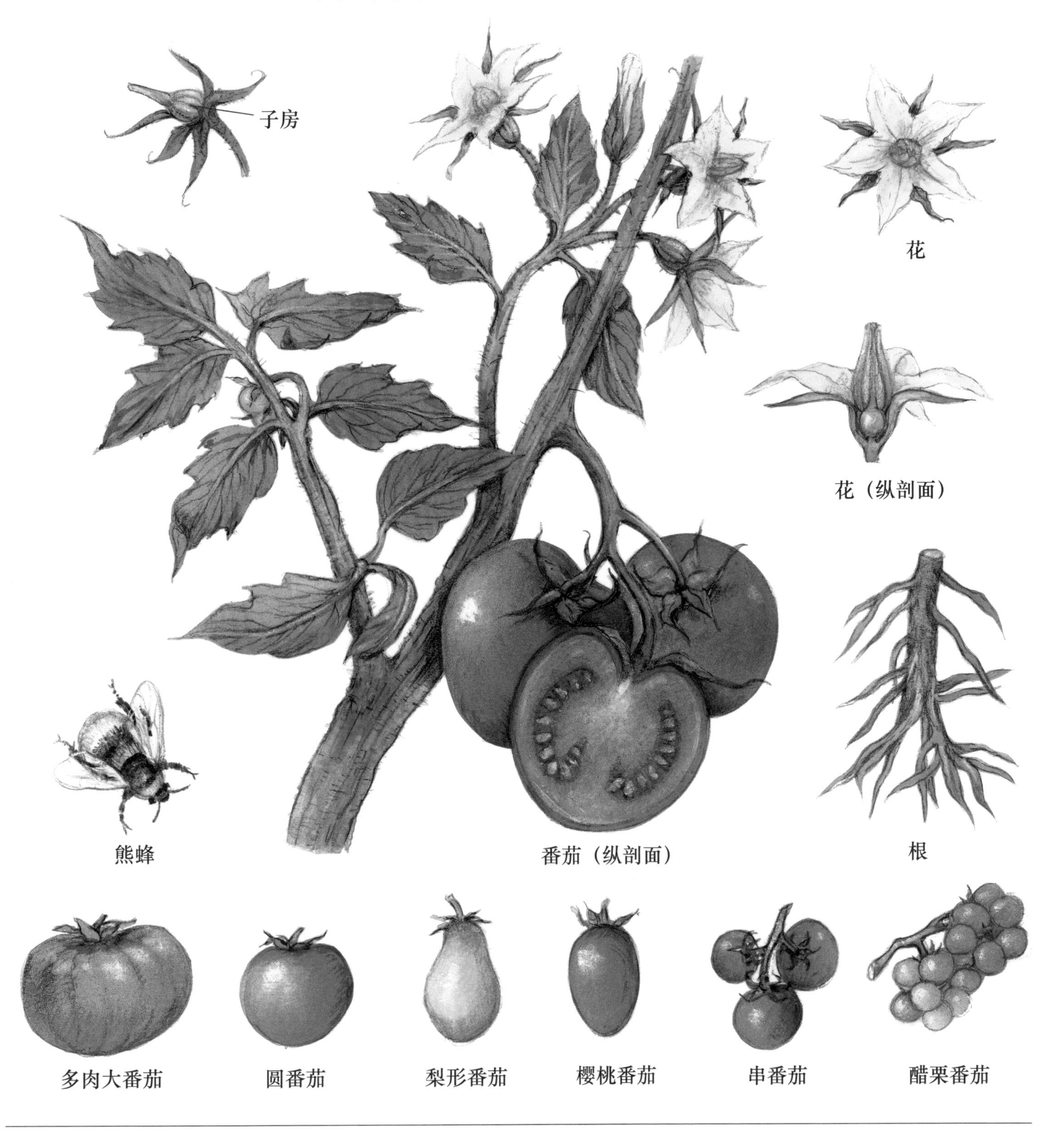

番茄原产于中南美洲，2000多年前，阿茨特肯人就已经开始种植番茄了。那时番茄被称作“Xitomatl”。

马铃薯

马铃薯也被称为土豆、山药蛋等，不同地区也会有不同的叫法。像番茄一样，马铃薯家族中也有很多成员，不同品种的马铃薯有自己的专属名字，比如蒂塔或者齐格林德。不同品种的马铃薯大小、形状不同，不仅有我们常见的黄色马铃薯，还有粉红色和紫色的品种。

马铃薯是马铃薯植株的块茎，它生长在土壤里，可以长出根来，对于整棵植株而言是个存储营养物质的“仓库”。为了过冬，块茎里会存储大量的营养物质。在温度适宜、光照充足的条件下，块茎会长出嫩芽。人们一般在四月或五月时，把这些马铃薯种薯放到小土坝里，那里的土壤受阳光照射后要比平地的土壤升温快一些，因此，马铃薯会长得更好。过不了多久，我们就可以在地表看到马铃薯种苗了，种苗上长有叶片、紫色或白色的花朵，后期会长出绿色的小浆果。但马铃薯植株的地上部分都是有毒的，不能食用。而在地下，种薯旁会长出新的马铃薯。新的马铃薯按品种不同可以在七月至九月收获。由于马铃薯容易存储，我们全年都能吃到马铃薯。

马铃薯不仅是我们重要的食物，也常被我们用来制作纸张、胶水及动物饲料。

马铃薯的“眼”：马铃薯身上长着许多像“眼”一样的小窝，能够萌发嫩芽。如果马铃薯的“眼”中长出的嫩芽还不太长，马铃薯是可以食用的。但食用这样的马铃薯时，我们要将嫩芽切除干净，并且将剩余的马铃薯煮至少15分钟后才能食用。

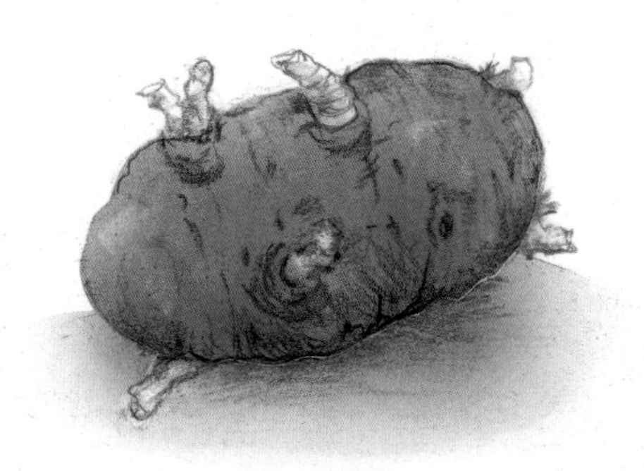

马铃薯文身

材料：马铃薯若干，1把小刀，墨水适量。

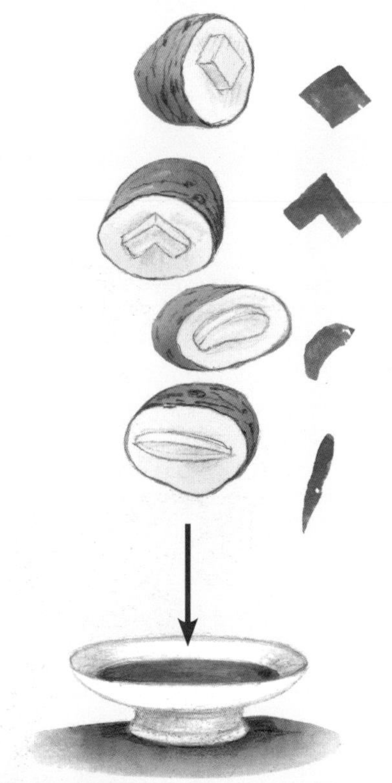

1 把马铃薯切开，用小刀在其横截面上雕刻出不同形状。

2 将马铃薯刻好形状的一面小心地蘸上墨水。

3 用蘸过墨水的马铃薯在手臂上印出不同的图形，晾干后就变成有趣的文身啦！这些文身用水很容易就可以冲洗掉。

马铃薯小矮人

材料：1个马铃薯，1张红色厚卡纸，1个钢丝球，白色圆形贴纸若干。

1 将红色卡纸剪成两部分。

2 将一部分红色卡纸剪成较宽的长方形，并将两条短边粘在一起，形成一个圆筒，当作小矮人的衣领。然后，把马铃薯放入这个圆筒中。

3 用另一部分红色卡纸剪出一个圆形，用来制作帽子和鼻子。在圆上沿半径剪出一条直线至圆心，将剪开的两条边向内重叠并黏合，做成帽子。

4 把钢丝球拉开拆散，贴到马铃薯上，做小矮人的头发和胡子。

5 将剩余的红色卡纸剪出一个小三角形贴到马铃薯上，当作小矮人的鼻子。

6 将帽子粘到马铃薯顶端，白色圆形贴纸分别粘到马铃薯和领子上，当作眼睛和纽扣。最后，用笔在马铃薯上添加五官。

马铃薯也可以通过其植株上长出的果实内的种子来繁殖。但用这种方法繁殖出的马铃薯植株要比常规种植出来的植株小一些。

马铃薯

马铃薯的块茎中存储着大量的营养物质。

花

马铃薯的花有5瓣，呈放射状，有的花像星星一样

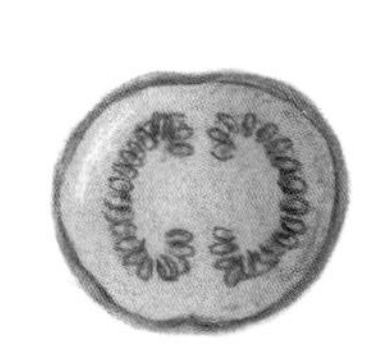

浆果（纵剖面及种子）

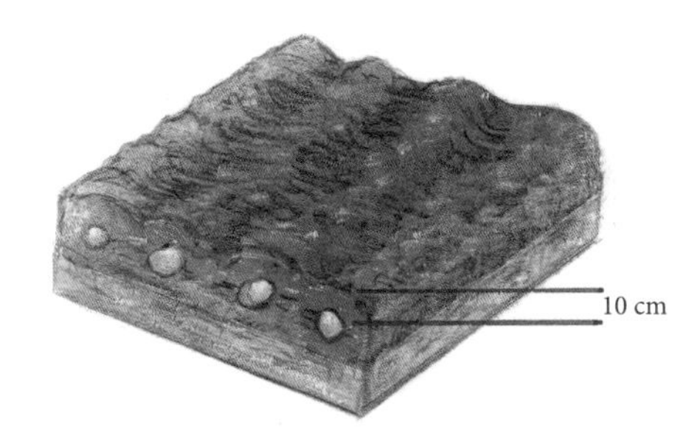

将块茎种入土垅

马铃薯植株

种薯（可以用来繁殖的马铃薯）

块茎（纵剖面）

马铃薯可以用来做沙拉　　做薯条　　也可以用来做土豆泥

马铃薯原产于南美洲，在人们发现美洲大陆后才被带到欧洲。由于马铃薯的花朵十分美丽，最初它们是被人们当作观赏植物来种植的。

鳞茎植物

这里提到的鳞茎植物不仅仅指的是咱们炒菜拌沙拉时用到的洋葱。植物在生长过程中会分为地上部分和地下部分，而鳞茎则是对某些植物生长在地下部分的统称，它们像块茎（如土豆）一样，能够存储养分，而且也可以长出嫩芽。许多花，如水仙或雪花莲，及葱属植物，如洋葱、小葱、大葱、蒜和香葱等都是从这种鳞茎里长出来的。花卉的鳞茎是不能食用的，但我们可以享用大多数葱属植物的鳞茎。

鳞茎上长有许多鳞叶，鳞叶一层一层地叠套在一起，最外面由一层又薄又结实的鳞茎表皮保护着。鳞茎的下端是根和坚硬的鳞茎盘。

地球上有各种各样的鳞茎植物，有白色的、红褐色的、深紫色的，也有球形的、水滴形的或条形的。为什么会有这么多品种呢？这一点我们要归功于荷兰人，他们从15世纪就开始培育不同种类的鳞茎植物了。

我们常用洋葱来给菜品调味，但也有很多用洋葱作为主要食材的菜品，如洋葱汤、炸洋葱圈等。

当我们切洋葱的时候，会发现它会使我们流泪。其实这是洋葱在“保护自己”，在生长过程中，洋葱会通过释放刺激性气体来防止害虫靠近。

关于洋葱，还有一个有趣的说法——在某些国家，人们认为洋葱是具有魔力的。因此，中世纪时期的人们会在房门上悬挂洋葱瓣和大蒜来使“恶鬼”远离自己的房子。

洋葱的花是伞形花序，像小伞一样，是由数百朵小花簇拥在一起组成的。

美丽的金色花球

材料：洋葱若干，1个装有土壤的花盆，1瓶金色喷漆，1个花瓶。

1 我们需要让一颗洋葱发芽（最好在春天或初夏），因此这颗洋葱不能存放在冰箱里，否则可能会因被冻坏而不能发芽。

2 把这颗洋葱种在装有土壤的大花盆里，或者种在花园里。需要注意的是，我们要确保它能在温暖的环境中生长。

3 当洋葱开花时，我们把花剪下来，将花头朝下悬挂晾干。

4 等花干透后，用金色喷漆给它们喷上颜色。这样你就可以把它们插到花瓶里做房间的装饰品了。

有趣的礼品包装纸

材料：1棵葱，1把小刀，1盒颜料，1张包装纸。

1 将葱白从整棵大葱上切下来。

2 用葱白的横截面蘸取适量颜料并将颜料印在包装纸上。你可以使用多种颜色，或者试着印出渐变效果的圆点。你也可以试试用切开的洋葱来印制花纹——不过它们不太好拿，容易散开。

生活小妙招：洋葱不仅是美味的食物，也是一种能起到治疗作用的植物。如果我们取一片洋葱放到被蚊虫叮咬的部位上可以有效止痒。

鳞茎植物

鳞茎植物的颜色多样，有白色、红褐色还有深紫色。

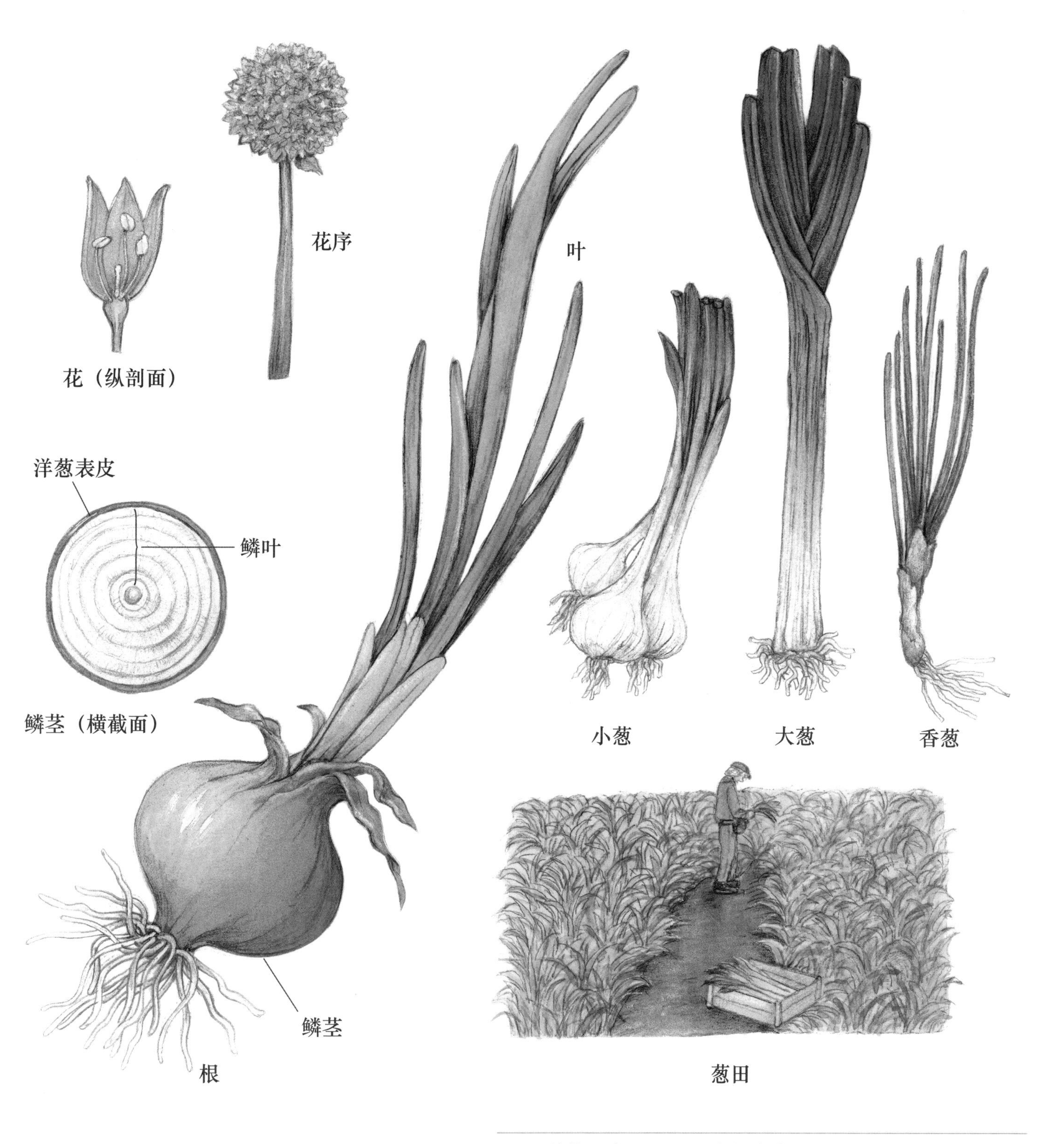

洋葱原产于亚洲西南部和中亚地区，但经过人们的传播，如今全世界几乎所有国家都在种植洋葱。

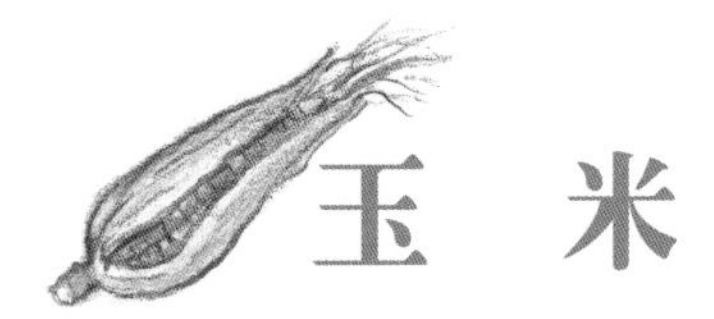

玉　米

玉米是全世界大约9亿人口最重要的主食，它的植株一般可以长到3米高，有时甚至可以长到5～6米高。玉米有一个与众不同的特点：它是唯一一种“雌雄异花”的禾本植物。它的雄花是圆锥花序，长在植株的最顶端，雌花紧贴叶片生长。风会帮助玉米植株授粉，授粉成功后，雌花会长成玉米棒，玉米棒上长有玉米粒和玉米须。刚长出的玉米粒很软，随着玉米的生长会慢慢变硬。不同的玉米品种会结出不同颜色的玉米粒，有黄色的、白色的、红色的、紫色的甚至蓝色的。

烹调玉米的方式多种多样，人们通常直接煮或者烤玉米来吃。不过我们还可以尝试一些不同的烹调方法，如将玉米磨成粗粒或细粉，并进一步加工，制作成玉米饼或者玉米脆片。我们可以将玉米加工成玉米淀粉，用于烘焙面包，制作汤汁酱料增稠剂、布丁和奶油等。

玉米还是一种制作动物饲料的重要原料。不仅是玉米粒，整棵玉米植株都可以用来制作饲料。为了让玉米发挥更大的作用，人们还尝试从玉米中提炼燃料。与石油或煤这些不可再生的资源不同，玉米是一种可再生资源。

环保包装的原材料：你知道吗？玉米淀粉也可以用于工业生产。人们能够将它加工制作成包装纸、垃圾袋、手提袋以及一次性餐具等。由于玉米淀粉能够降解，它是一种很好的塑料替代品。

我们常用花生油来烹调美味的饭菜，而玉米胚芽中含有较多油脂，也可以提炼出玉米胚芽油，它是一种非常健康的食用油。

谷粒装饰品

材料：1张厚纸板，1个圆规，1瓶胶水，1根棉线，不同的谷粒（如葵花子、玉米粒等）。

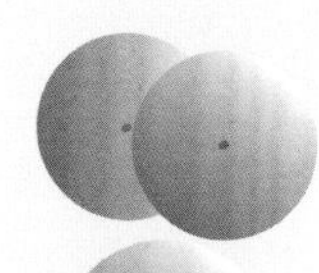

1 用圆规在厚纸板上画2个直径约5厘米的圆，并剪下来。

2 在圆形厚纸板的一面，用谷粒粘贴出你喜欢的图案。

3 将一根棉线夹在2片圆纸板没有粘贴谷粒的一面，并将它们粘在一起。这样漂亮的装饰品就做好啦！你可以把它挂在房间里了。

爆米花

材料：1口有盖子的锅，1勺油，1勺糖，1勺干燥的玉米粒。

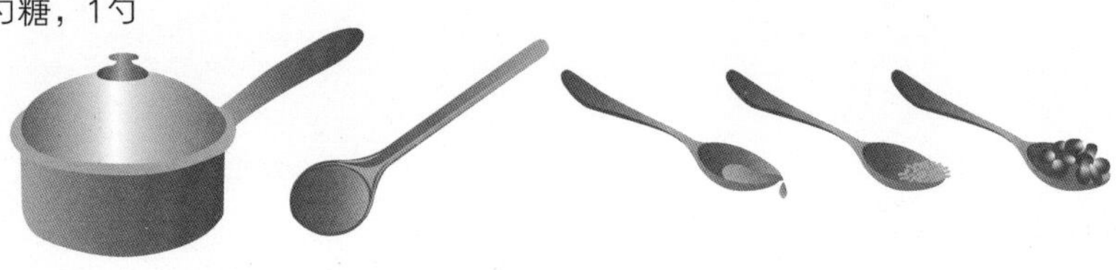

1 将油倒入锅中加热，加入适量糖并搅拌。

2 把玉米粒倒入锅中，搅拌均匀后盖上锅盖。锅内温度够高时，你能够听到玉米粒“蹦跳”和爆开的声音。

3 当玉米粒爆开的声音变小时，就可以关火了。

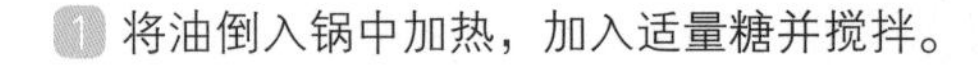

只有部分玉米粒适合制作爆米花，我们最好从超市购买专门用来做爆米花的玉米粒。刚从田里摘下的玉米是无法制作爆米花的，因为这样的玉米粒还是潮湿的。

玉 米

全世界的玉米年产量超过8亿吨。

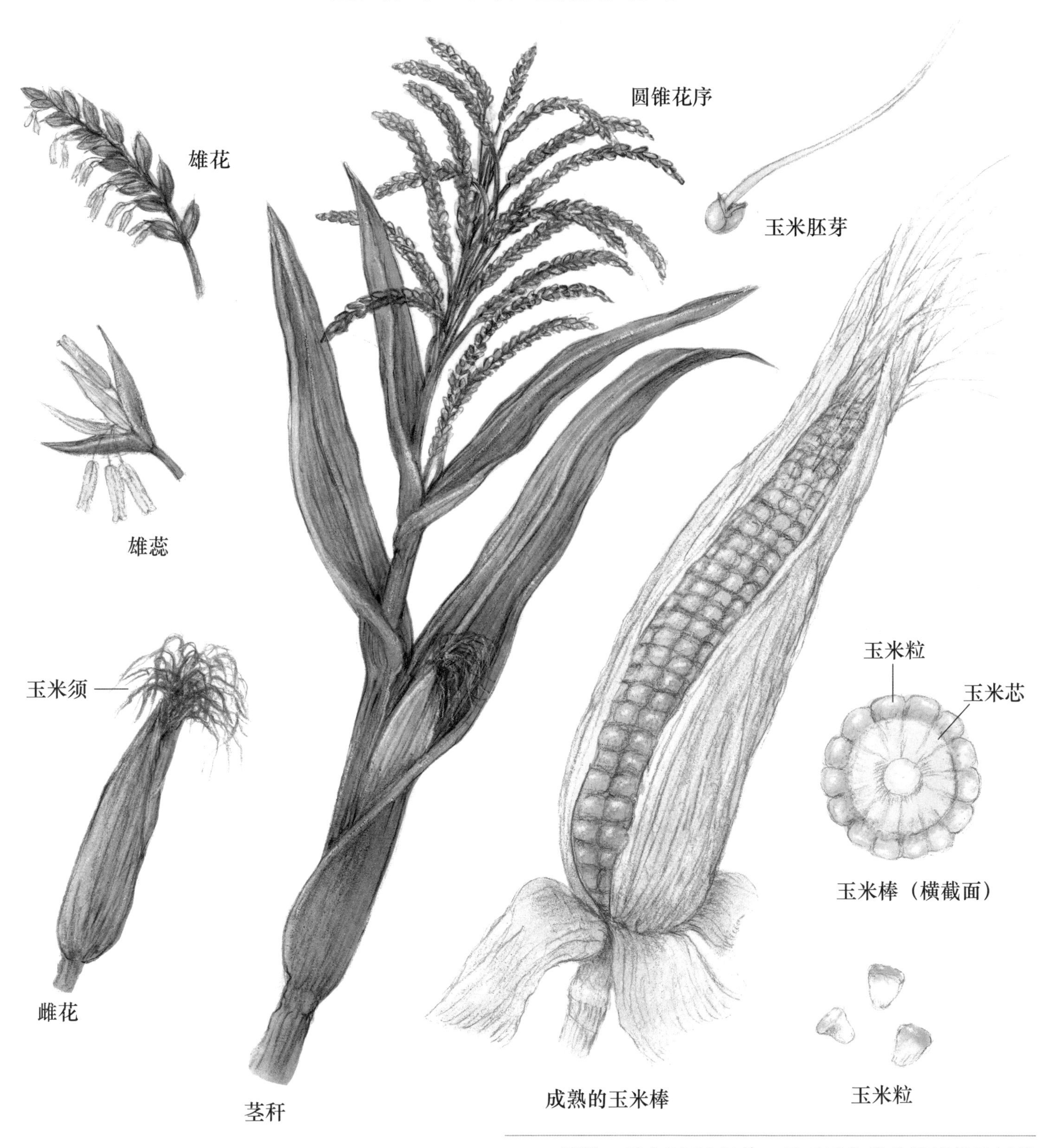

据说，早在8000年前，墨西哥和秘鲁接壤的地区就已经有野生玉米了。但它最早被传入欧洲时，有很长一段时间是被人们当作观赏植物来种植的。

橄 榄

橄榄树主要生长在温暖的亚热带地区，它的寿命很长，一般可以生长几百年，寿命最长的橄榄树有上千岁。橄榄是橄榄树的果实。

橄榄由果肉和坚硬的果核组成，可以分为青橄榄、油橄榄、茶橄榄、白橄榄等种类。油橄榄未成熟的果实是绿色的，成熟后果实就变成紫色、棕色或者黑色了。采摘橄榄的方式分为手工采摘和机器采摘，不过有些橄榄品种会在果实成熟后自己从树上落下来。手工采摘橄榄的方式最为传统，在油橄榄成熟后，人们会在地上铺好网或者帆布来收集用长杆子打下来的果实。

从树上采摘下来的油橄榄是不可以直接食用的，因为味道很苦。如果我们想食用油橄榄，可以将采摘下来的油橄榄放入水中浸泡多次，当油橄榄的苦味消失后就可以食用了。大部分油橄榄会被直接加工成橄榄油。最初的榨油方式是手工榨油，人们需要先把橄榄碾碎，然后压榨。这种榨油方式很费力，因此，人们发明了榨油机。

橄榄油是一种非常健康的食用油，它可以保护我们体内的循环系统。并且，由于橄榄能够很好地保护皮肤，它也被广泛用于制作面霜和肥皂。

你见过常绿植物吗？常绿植物是指全年保持叶子不掉落的植物，它们的叶子可以在枝干上生长12个月或更长时间。橄榄树就是一种常绿植物，它在冬天也长着绿色的叶子。橄榄叶的背面是银绿色的，长着细细的茸毛，这些茸毛能够防止叶子散失太多水分。因此，橄榄树也十分耐高温。

自制草本油

材料： 1枝迷迭香，2个去皮的蒜瓣，5颗胡椒粒，0.5升橄榄油，1个深色的玻璃瓶。

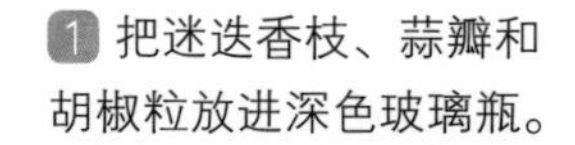

1 把迷迭香枝、蒜瓣和胡椒粒放进深色玻璃瓶。

2 将橄榄油倒入瓶子，倒满并密封好。

3 将瓶子在无光的环境中放置一周。这种草本油味道不错，非常适合用来拌沙拉。

橄榄油酸奶蛋糕

材料： 1杯酸奶，3杯面粉，2杯糖，1杯特级初榨橄榄油，3个鸡蛋，1包发酵粉，1个蛋糕模具。

1 将鸡蛋的蛋清与蛋黄分离。蛋黄加糖打至泡沫状，然后加入酸奶和橄榄油。

2 将蛋清打发。把面粉与发酵粉混合，然后把打发的蛋清、搅拌好的蛋黄及面粉搅拌成团。

3 在蛋糕模具内壁涂抹一层橄榄油，并撒上一层面粉，然后把面团放入模具。把面团放入预先加热到180℃的烤箱中烘焙约45分钟。耐心等待，香喷喷的橄榄油酸奶蛋糕很快就会出炉啦！

特级初榨橄榄油： 橄榄油的种类有很多种，特级初榨橄榄油便是其中一种。人们会直接将新鲜的橄榄果实通过机械冷榨、过滤等环节除去异物，最终得到的就是特级初榨橄榄油。我们可以用它来拌沙拉、烤面包、煎肉排等。

橄 榄

橄榄油不仅可以食用，还可以用于制作面霜和肥皂。

油橄榄及橄榄油可以算是世界上非常古老的食物之一。在古希腊，橄榄树被人们视作非常神圣的树。

柑 橘

我们常吃的柠檬、橙子、橘子、柚子和香橼等水果都是大型浆果。它们长得十分相似，因而都被归入了柑橘这个大家族。

当我们切开一个柑橘时，会发现它是由以下几部分组成的：厚厚的、散发着浓郁香气的果皮，薄薄的橘白，营养丰富的果肉以及果核（种子）。柑橘的果皮为什么会散发浓郁的香气呢？原来，其果皮中含有柠檬醛之类的芳香物质，这种化合物具有芳香的气味。在黄色、橘黄色或绿色的果皮下有一层薄薄的白色物质，被称为“橘白”，橘白中含有丰富的果胶，提取后可以被制作成果酱或番茄酱中的胶冻剂。我们食用的果肉被果皮包裹着，分成若干个像小船一样的瓤瓣，瓤瓣中含有无数小小的汁胞，带有苦味、酸味或甜味的汁液就藏在这些汁胞中。

虽然柑橘家族分为不同种类，但它们的植株长得极为相似，都是常绿小乔木或灌木。柑橘类植株主要生长在温暖潮湿的地区，而大部分又生长在接近赤道的“柑橘带”上。由于柑橘家族的花和果实可以同时生长在植株上，我们全年都可以吃到味道鲜美的果实。

你会怎样食用柑橘类果实呢？我们收获的大部分柑橘类果实会被直接食用，其余的则会被加工成果汁、果酱或者果冻等食品。

柑橘类果实含有多种营养物质，如维生素C、钾、钙等。其中，维生素C最为丰富，它可以防止伤口感染；钾和钙则分别对心脏和骨骼生长有好处。

自制橙子干

材料：2个橙子，1个小过滤网，1个方形盘子。

1 把橙子切成2厘米厚的薄片。

2 把过滤网架到方形盘子上，并放上橙子薄片。

3 将橙子薄片晾晒至少两周。你还可以把带有过滤网的盘子放到暖气片上，这样可以加快橙子变干的速度。

雏菊橙汁

材料：1个橙子，0.5升水，5勺糖，1个筛子，1把雏菊花茶。

1 将橙子切片，与糖和雏菊一起放入水中煮沸。

2 将冷却后的雏菊橙汁放入冰箱冷藏。

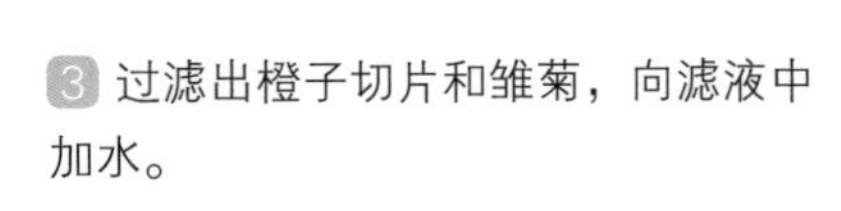

3 过滤出橙子切片和雏菊，向滤液中加水。

4 用新鲜的橙子切片作装饰。

驱赶黄蜂的柠檬“刺猬”

材料：1个柠檬，1个大钉子，丁香干花若干。

1 将柠檬纵向切成两部分，用钉子在厚厚的柠檬皮上扎出小孔。

2 把丁香干花插进柠檬皮上的小孔里。你可以给这个柠檬“刺猬”装饰上眼睛。

3 多制作几个放到花园桌子上。这样就可以驱赶花园中的黄蜂啦！

除了柑橘类水果的果肉外，其果皮也是厨房的宠儿，我们可以用来制作蛋糕。不过，我们最好使用有机柑橘的果皮，因为它们在生长过程中没有施加过化肥、农药或激素等人工合成物质，食用起来更加安全。

当我们走近一棵柑橘家族的植株时，会发现散发浓郁香气的不仅有柑橘的果皮，还有叶子。其叶片的边缘或者尖端长有油腺，油腺可以散发带有香味的气体。

柑 橘

你知道吗？每年全世界柑橘的总产量可以超过1亿吨。

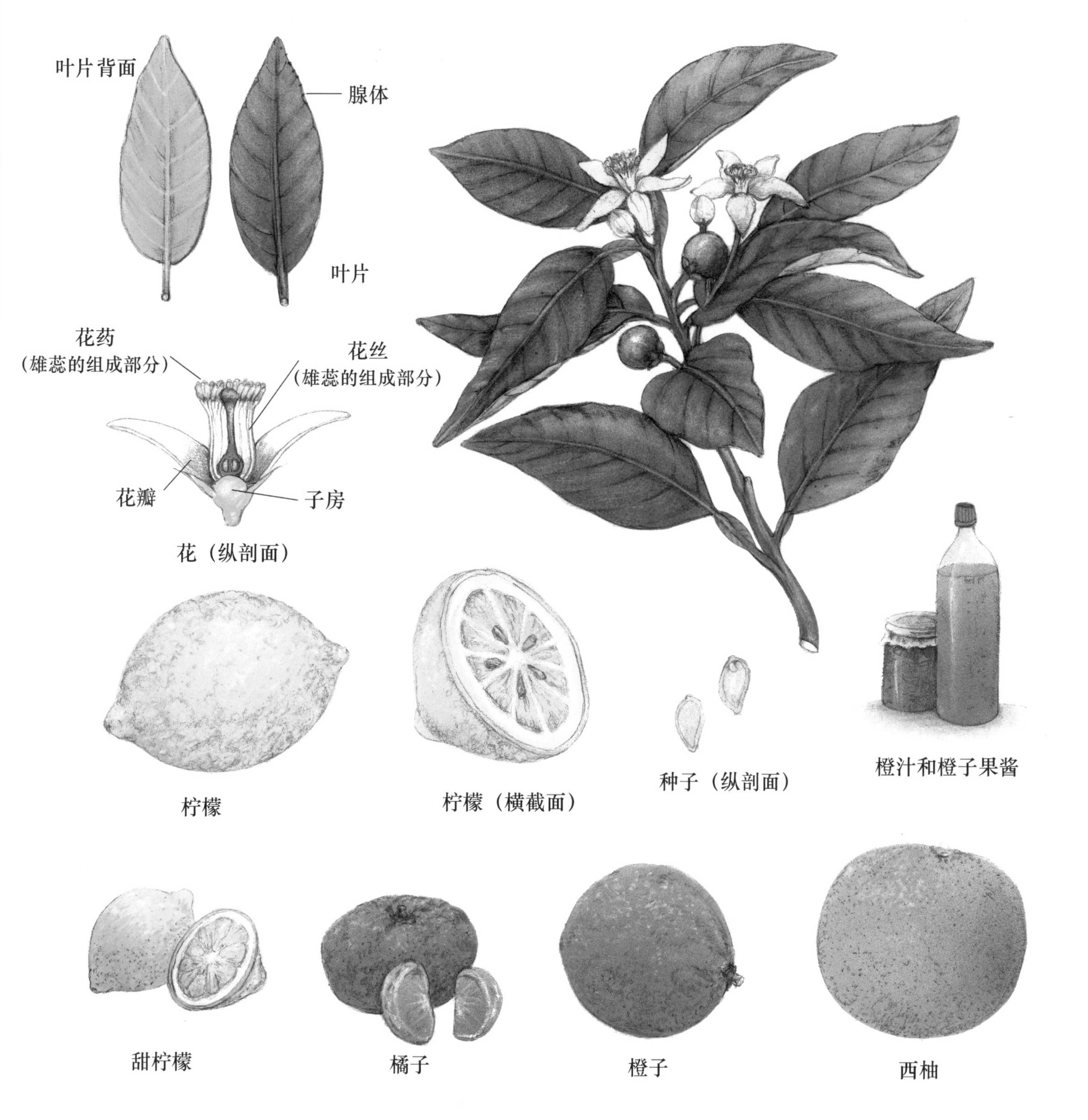

全世界常见的柑橘种类大多起源于中国，已经有4000多年的种植历史了。它是世界上非常古老的水果品种之一。

香料植物

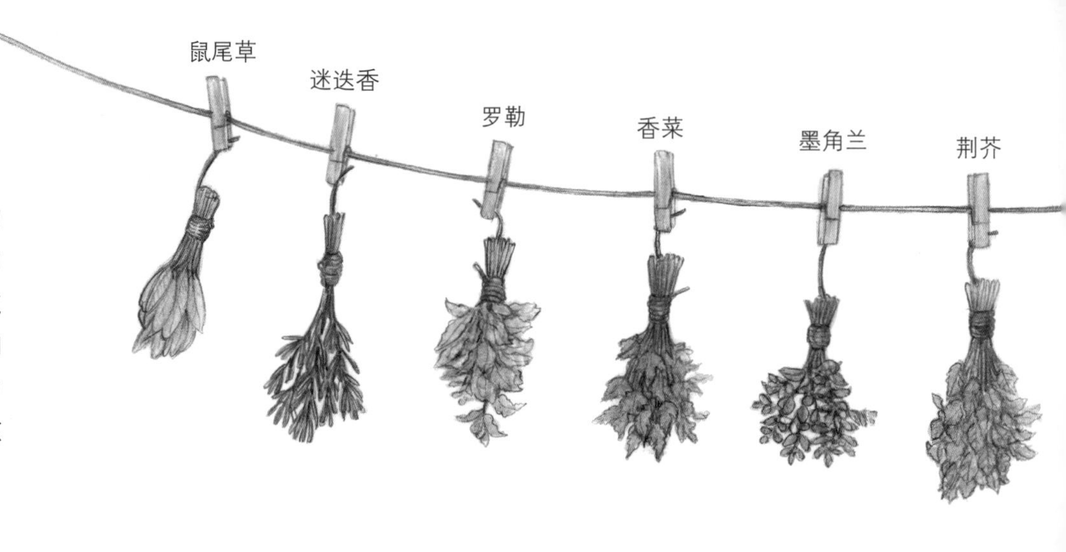

我们在制作沙拉、汤或烤肉等食物时，常会用到各种各样的香料，它们的共同点是具有特殊味道（浓郁的气味或口味）。典型的厨用香料植物有香菜和罗勒，刚刚采摘下来时它们的香味最为浓郁。厨用香料植物可以风干或者冷冻储存。

除了常见的厨用香料植物，在你身边，还有很多香料植物可以用来缓解或治疗疾病。比如，甘菊可以用来缓解腹痛或消除眼睛疲劳。在很早以前，医疗技术没有现在这么先进，了解药用香料植物知识对人们来说是非常有用的。如今，人们依然会借助这些植物来缓解或治疗病痛，但一般会将它们加工成茶、滴剂、软膏、口服液或者片剂等形式使用。还有一些香料植物，如百里香和鼠尾草，既可以厨用也可以药用。

香料植物用以调味或入药的部位不尽相同。最常用的是叶子，如荆芥、鼠尾草；有些用花，如甘菊、金盏花；有些用根，如蒜、颉草。

风干香料植物

材料：晾衣夹子若干，细绳若干，不同香料植物若干。

1 用细绳将同种香料植物捆扎成束，把夹子固定在一根长些的细绳上。

2 用夹子夹住拴香料的细绳，使植物叶子朝下进行风干。

3 将这些香料植物风干至少两周。将它们从绳子上取下来，并把干燥的叶片摘下来，分别装入不同的玻璃瓶保存即可。

当我们擦伤皮肤或被蚊虫叮咬时，可以将长叶车前草的叶子嚼碎或者磨碎后敷于受伤的地方，这样就可以轻松缓解疼痛或瘙痒了。

香草面包酱

材料：1包奶酪，适量新鲜的厨用香料植物（比如香菜、罗勒、牛至叶等），适量盐。

1 将香料植物的叶片从茎上摘下，洗干净，切成细末。

2 将叶片细末、盐和奶酪混合，美味的面包酱就做好啦！你可以尝试将香草面包酱来搭配黑面包食用，风味独特。

野生香料植物：除了人工种植的厨用和药用香料植物以外，在大自然中也生长着野生香料植物，荨麻就是其中一种。但这类植物只能由对其十分了解的专业人士来采摘，因为有些野生香料植物是有毒的。

香料植物

香料植物的用途十分广泛，不仅在制作食物时可以使用，还可以将它们应用到药材中缓解和治疗我们的病痛。以下是12种药用香料植物，快来看看你都认识哪些吧！

山金车花

可用于缓解肌肉疼痛、皮肤过敏等症状

颉草

可用于缓解精神烦躁、睡眠障碍等症状

茴香

可用于治疗恶心呕吐、腹胀

斗篷草

可用于治疗感冒、腹泻等

金丝桃

可用于缓解咽炎、结膜炎等症状

甘菊

可用于清热、祛湿等症状

薄荷

可用于治疗感冒、头疼等

金盏花

可用于治疗胃炎、食欲不振等

鼠尾草

可用于治疗痛经、疖肿等

西洋蓍草

可用于缓解发热症状

长叶车前草

可用于治疗咳嗽、痰多等

百里香

可用于治疗消化不良、咽喉肿痛等

早在石器时代，香料植物就被人们用于食品调味和治疗病痛了。

真　菌

真菌是一类特别的生物，它们没有叶子也不开花，所以严格来说，它们不是植物。我们通常所说的蘑菇其实仅仅是真菌的子实体。

蘑菇的外形多种多样，有大的、有小的，有圆形的、修长的或者扁平的，有红色的、白色的或者棕色的，但它们大都由菌柄、菌盖、菌褶（或菌管）、菌环、假菌根等部分组成。蘑菇的菌褶（伞菌科）或菌管（牛肝菌科）里都长有极小的孢子，蘑菇就是依靠这些孢子来繁殖的。孢子一旦成熟了，就会从菌盖上脱落，落到地上或者随风飘走。蘑菇的寿命很短，只能生存数天，它们的生长需要适宜的温度和湿度，因此雨后是采集蘑菇的最佳时机。

蘑菇并不像水果一样是植株结出来的果实，它不是果实，而是一种由位于地下的细丝构成的编织体。这种细丝叫作“菌丝”，长达数米，有些品种可以生存500年以上。当我们采摘蘑菇的时候要十分细心，不能使菌丝受伤。而且，蘑菇只能由专业人员采摘，因为很多蘑菇品种是有毒的。

有些真菌个头儿非常小，我们只能使用显微镜才能观察到它们。别看它们个头儿小，用途却非常大：有的可以用来制药，有的则可以在我们烘焙食物时使用。

霉菌：霉菌是一类真菌。我们会在发霉的食物上看到它们，有绿色的、黑色的、黄色的。由于霉菌有毒，误食长有霉菌的食物会引发疾病，发霉的食物是不能食用的。

炒蘑菇

材料：400克新鲜蘑菇，2瓣蒜瓣，适量橄榄油，适量迷迭香和香菜细末，适量盐。

1 将蘑菇洗净，切去菌柄上较硬的部分。蒜瓣去皮，切成细末。

2 用锅加热橄榄油，倒入准备好的蒜末和迷迭香略微煎一下，然后倒入蘑菇，翻炒约5分钟。为了防止蘑菇炒煳，要不断搅拌。

3 加入适量盐给蘑菇调味，也可以加入少许香醋。起锅后撒上香菜细末即可食用。

幸运蘑菇小盆景

材料：1个软木瓶塞，1只旧的白袜子，1个装满土的小花盆，1根细绳，1张白色圆点贴纸，1管红色丙烯颜料，1支画笔，1张绿色卡纸，3根冷杉树枝。

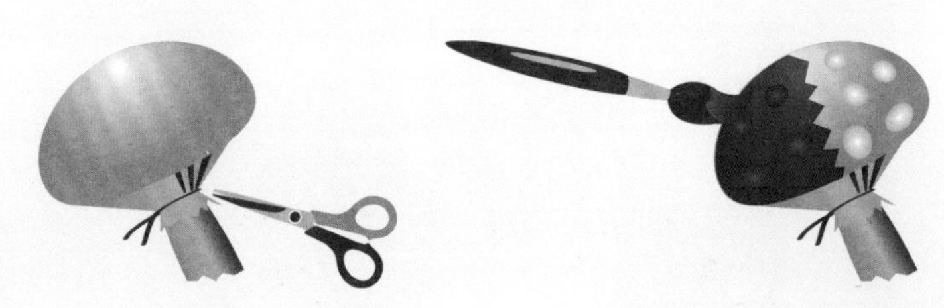

1 将袜子前端剪下来套在软木瓶塞上，用细绳扎紧后，剪掉袜子多余部分，“蘑菇”就做好了。

2 将白色圆点贴纸贴到袜子上，然后把袜子涂成红色。等待颜料晾干后，把圆点贴纸揭掉。

3 从绿色卡纸上剪下一个小三角形，你可以在上面写上“祝你好运”等祝福语。把丝带的两端交叉叠放然后粘牢。往花盆里插上做好的“蘑菇”、卡片、丝带，用冷杉树枝进行装饰。接下来，你就可以把你的幸运蘑菇小盆景送给朋友了！

祝你好运

鸡油菌有个有趣的别名——鸡蛋菇，因为它的颜色像蛋黄。鸡油菌的名称源自古时“胡椒”的写法，这也暗示着这种蘑菇吃起来会像胡椒那样刺激我们的味蕾。

真 菌

真菌种类繁多，有近千种，其中约180种有毒。

食用菌:

有毒菌类:

1928年，医生弗莱明发现了盘尼西林（青霉素）。这是一种从霉菌中提取出来的，可以用来抑制致病细菌的物质。

水 稻

小朋友，你喜欢吃米饭吗？大米在亚洲地区是人们的主食之一，就像欧洲人每天都吃面包一样，亚洲地区部分国家的人们几乎天天吃大米。因此在某些亚洲语言当中，“米饭”这个词同时也有“食物”或者“一顿饭”的意思。与小麦和玉米一样，大米也是世界上一种重要的、常见的粮食。你知道吗？全世界有超过一半的人以大米为主要食物。

大米是水稻脱壳后的种子。水稻大都种植在水田里，虽然这样的种植成本很高，但是可以更好地防止水稻遭受杂草和害虫的侵害，也能够提高水稻的产量。人们不会直接将水稻种子种在水田中，他们首先会将种子播种在干燥的田地里等待它们发芽。当水稻幼苗长得达到一定标准了，人们就可以把它们移栽到预先准备好的稻田里了。这个过程大多是由人工完成的。接下来，就可以向田里灌水了。在4～6个月内，水稻就能长到1.5米高，并且会抽出将近30个稻穗。稻穗是生长在顶端的圆锥形的花序，由紧密排列的小穗构成。在这些小穗里就包裹着米粒。

收割水稻时，人们会把稻田中的水抽干，将水稻割下后平铺晾干，然后脱粒。这时的谷粒还被一层坚硬的皮包裹着，我们把这层皮称为“稻壳”，在碾磨谷粒时，稻壳会被去掉。

你知道吗？世界上有超过10万个水稻品种。根据米粒长度可将它们粗略分为长粒大米、中粒大米和圆粒大米。

米粒不仅仅被稻壳包裹着，稻壳里面还有一层薄薄的种皮包裹着米粒。保留这层种皮的大米叫作全谷粒大米。如果这层种皮被磨掉，得到的就是我们常见的大米了。

牛奶米露

材料： 1杯大米，3杯牛奶，1勺糖。

1. 把锅放到炉灶上，将1杯大米、3杯牛奶、1勺糖倒入锅里，大火煮沸。
2. 调至小火，持续搅拌，煮至大米变软。

3. 将煮好的牛奶米露倒入杯子里。为了让牛奶米露的味道更特别，还可以加入肉桂或可可粉来调味。

沙沙棒

材料： 1个卷纸筒，1张彩色卡纸，1瓶胶水，1卷彩色胶带（约4厘米宽即可），1杯大米，1条丝带。

1. 从卡纸上剪下两个可以盖住卷纸筒两端的圆片。
2. 用彩色胶带把一个圆片粘到卷纸筒一端，要将它们粘牢，否则大米会从缝隙漏出来。
3. 把大米装进卷纸筒里，将剩下的一个圆片与卷纸筒另一端粘牢。
4. 用彩色胶带缠绕卷纸筒并用丝带装饰一下。
5. 如果你希望刚做好的沙沙棒更美观，你还可以在卷纸筒一端装饰上流苏。

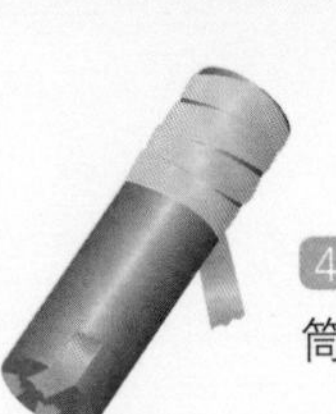

蒸全谷粒米： 虽然脱壳的米比全谷粒米更受欢迎，但全谷粒米更健康，因为大多数维生素都在种皮里。如果我们将带种皮的米预先简单地蒸煮一下，这些重要的营养物质就会从种皮转移到谷粒中去，这样的米营养更丰富。

水 稻

全世界有超过10万种水稻!

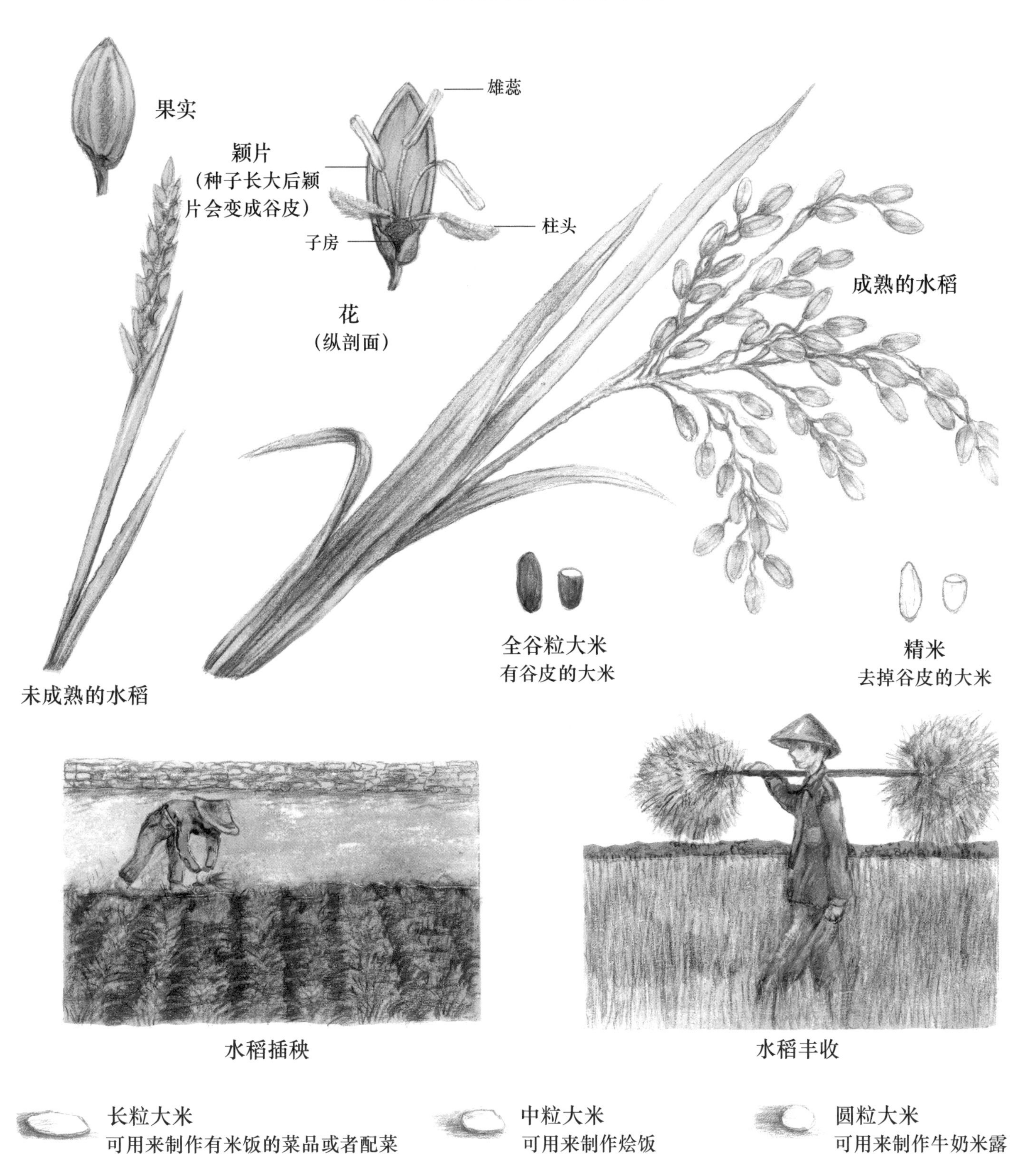

长粒大米
可用来制作有米饭的菜品或者配菜

中粒大米
可用来制作烩饭

圆粒大米
可用来制作牛奶米露

水稻是一种古老的谷物，在中国、印度、泰国等国家已经有超过7000年的种植历史了！

香 蕉

香蕉是香蕉灌木的果实，香蕉灌木是一种亚灌木，主要生长在温暖潮湿的地区。它能长到10米左右高，粗壮的叶柄紧紧地抱在一起，形成了树干的样子，所以人们总是会把它误称为香蕉树。

香蕉灌木的巨大叶片全年都是绿色的。别看它们是叶片，即使被晒干了也依然很坚固，可以用来当盘子或者用于食品加工。令人意想不到的是，它们还常被作为建筑材料使用。

人们将香蕉种在种植园里。当香蕉灌木长到8个月大的时候，香蕉束的顶端会长出一个花序。这个花序由许多红色的花朵组成，鲜艳而有趣，花朵会长成一把香蕉。由于香蕉会越长越重，香蕉的假茎会被香蕉束拽弯向地面，但香蕉仍会向着太阳生长，所以慢慢地，每一根香蕉就都长弯了。

当人们用大砍刀把香蕉从灌木上砍下来的时候，香蕉还是绿色的。一天之内，香蕉就会被装入纸箱打包，运往世界各地。到达目的地之前，它们会在运输途中渐渐成熟，变成黄色。

香蕉灌木每年只结一次果实，然后渐渐枯萎死去。但它们可以通过吸芽迅速繁殖，这些吸芽是由母株的根长成的小嫩芽。当吸芽长大后，就会结出新的香蕉了。

香蕉名称的由来非常有趣。香蕉的英文单词“banana”来源于阿拉伯语单词“banan”，意思是“手指”。由于香蕉是成把生长的，看起来就像香蕉束长了许多根手指一样。

煎香蕉

材料：1根香蕉，1勺油，适量面包屑，2勺蜂蜜。

1 香蕉去皮，并从中间纵切成两半。

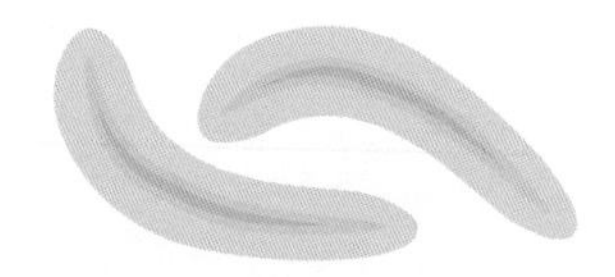

2 给香蕉裹上面包屑。

3 将油倒入平底锅并加热，油热后小心地放入香蕉。煎几分钟后将香蕉翻面。你可以请家长帮你完成这一步骤。

4 将煎好的香蕉装盘，滴上蜂蜜。美味的煎香蕉就做好了！

人偶剧场

材料：1个带天窗的大纸箱，1盒颜料，1块蓝布，1支小手电筒，1个手偶娃娃。

1 用颜料给纸箱带天窗的一面上色。

2 把蓝布剪成能盖住纸箱开口的大小，然后在布上剪出一个探视洞。

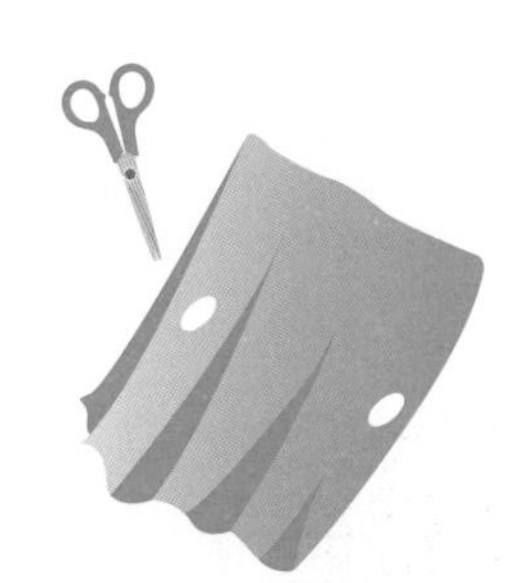

3 把蓝布的一端粘在纸箱上，盖住纸箱口。要让手可以从布的侧面和下面伸进纸箱。

4 把手电筒放进纸箱里，这样你的舞台就有灯光啦。接下来，表演有趣的手偶剧吧！

香蕉的“褐变”现象：如果香蕉的储存环境太冷，就会出现所谓的“褐变”现象。这时香蕉皮会变成黑色，但香蕉果肉还是可以吃的。你知道吗？香蕉低温冷冻后的口感很像雪糕哟！夏天来临时，你不妨尝试一下这款健康的“雪糕”吧！

香 蕉

香蕉的叶片可以作为建筑材料使用。

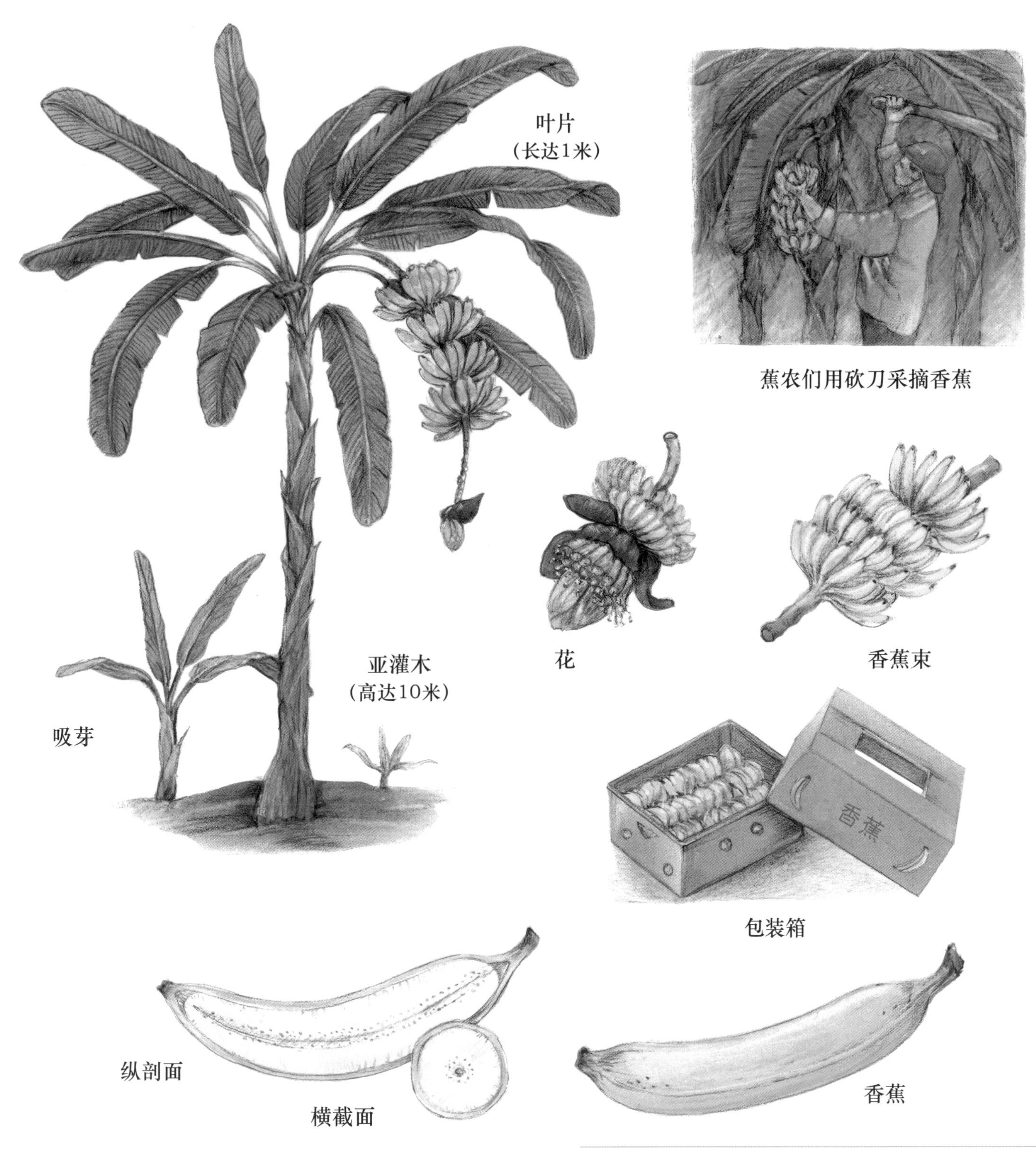

香蕉原产于东南亚，后来被人们带到了非洲。公元1500年左右，又被葡萄牙人带到了加那利群岛、欧洲和南美洲。

棉　花

我们穿的衣服、铺的床品、用的手绢等大都是由棉花制成的，因为它吸水性好、非常柔软，而且十分耐用。

棉花主要生长在热带和亚热带地区。棉花植株开花后会长出棉桃（果实），棉桃里长有大约25颗种子。每一颗种子上又长有成千上万的表皮毛，即棉花纤维，这些白白细细的棉花纤维可以用来纺织棉线。棉桃成熟后，就会裂开，表皮毛会膨胀出来，裂开的棉桃看上去就像是一个大大的雪球。

最初人们是手工采摘棉花的，而现在人们会利用机器采摘棉花。当棉花被采摘下来后，会被压缩成大球运走。然后，人们会去掉棉花纤维中的种子和残余的果荚，经过烘干或加湿和净化，就可以进一步加工了。大部分棉花纤维会被纺成棉线，棉线又会被进一步织成布料。绳子、网、包扎材料和棉球等都是由棉花纤维制成的，因此棉花是世界上非常重要的植物纤维之一。

棉花的种子可以榨油。棉籽油可以食用，也可以用于化妆品生产。

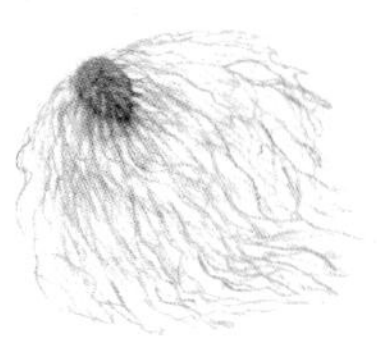

棉线碗

材料： 1口锅，0.5升水，5勺面粉，1勺糖，1卷棉线，1个碗，1张旧报纸。

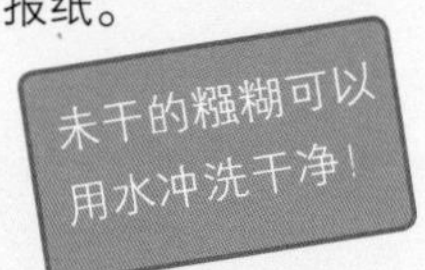

1 制作糨糊：把面粉倒入0.25升凉水中搅拌均匀。把剩余的0.25升水煮沸，把沸水与搅拌好的面糊、糖混合起来再次煮沸，出锅后等待冷却。

2 把碗倒扣在报纸上。

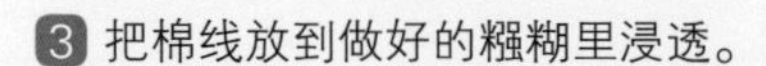

3 把棉线放到做好的糨糊里浸透。

4 从糨糊里抽出棉线，去掉棉线上多余的糨糊，在碗底绕出一个圆盘，做成棉线碗的碗底。

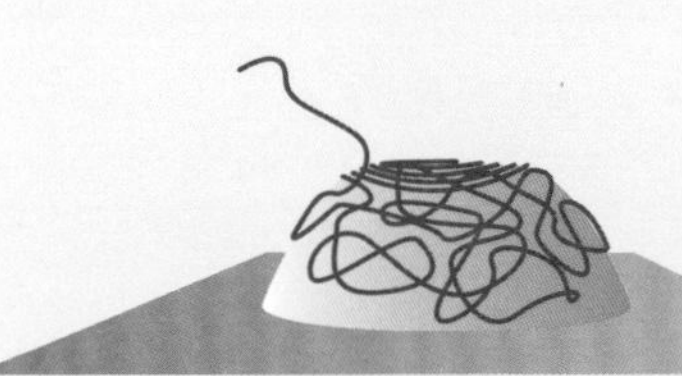

5 然后把棉线交错缠绕在碗上，注意每次都要先从碗底开始缠，缠得密实些。

6 晾晒两天后，用钝刀小心取出被棉线缠绕的碗，漂亮的棉线碗就制作完成了。

下“雪”啦

材料： 适量棉花，1根缝衣针，几根细线。

1 将棉花搓成若干相似的小球。

2 把小棉花球串到线上，并在每个小棉花球之间留下一段距离。

3 把穿成串的小棉花球挂到窗户的内侧。看一看，这像不像下“雪”了？

有机棉花： 由于棉花在生长过程中很容易受到害虫侵袭，所以人们在种植棉花的过程中会使用各种农药，但许多农药会对人们的健康造成危害。而有机棉花在种植过程中是被禁止使用有害农药的。

棉　花

全世界棉花的年产量可达2000多万吨。

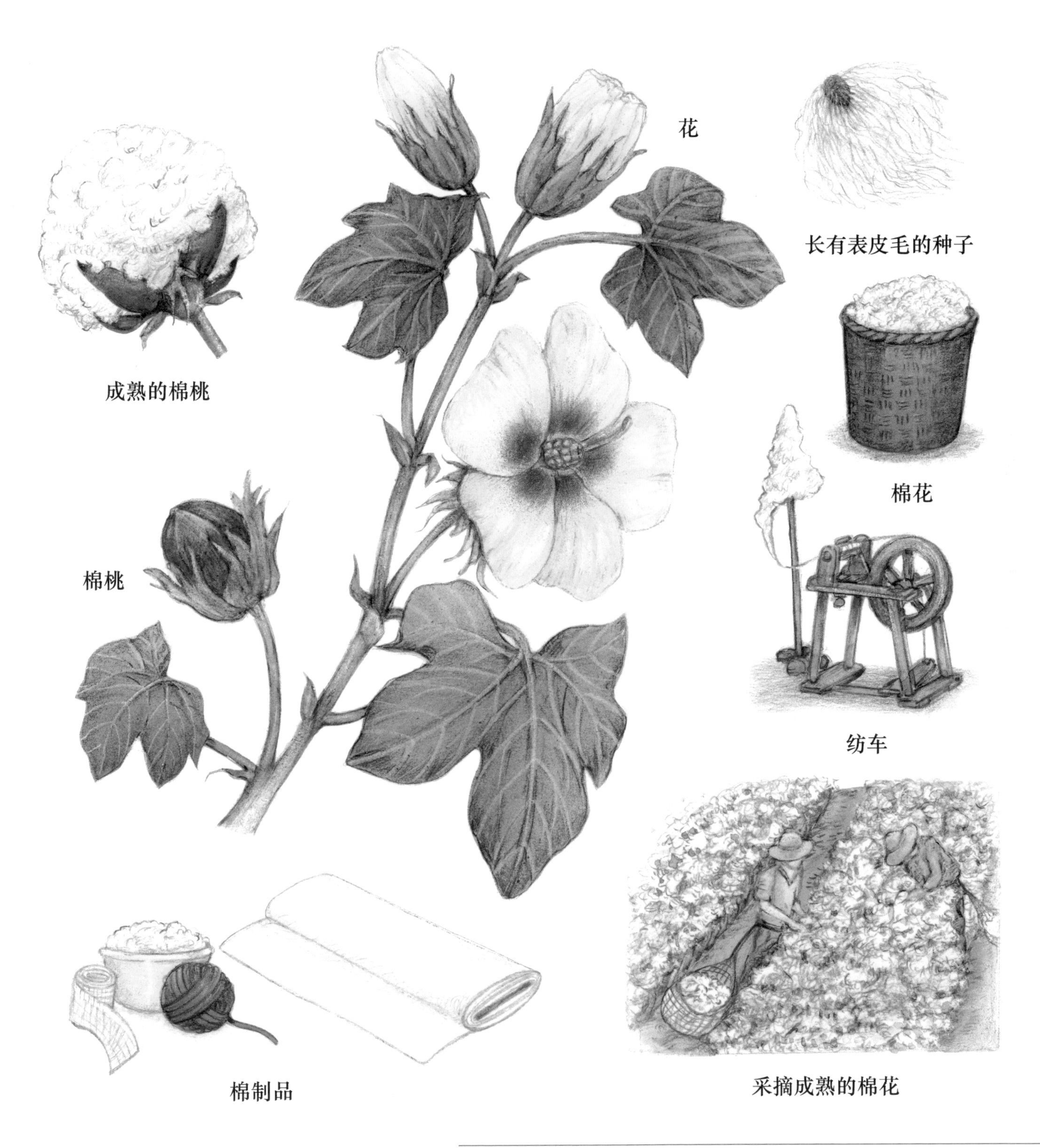

早在5000年前人们就开始加工棉花了，主要在印度和南美洲。直到中世纪时期，棉花才传入欧洲。自从纺织机械被发明后，棉花变得更加重要了。

盐

盐对于人和动物来说都是非常重要的——没有盐我们就不能生存。但是盐的摄入需要适量，摄入太多盐同样也是不健康的。世界卫生组织推荐，一个健康的成年人每天盐的摄入量不宜超过6克，其中包括通过各种途径(酱油、味精等调味品)摄入的盐量。

自然界中盐的形态多种多样，但大部分盐存在于地下深处的盐层里。这些盐层形成于几百万年前，如今被人们开采成了盐矿。在盐矿的矿道里，人们通过钻孔和爆破的方式让含盐的矿石从山体上脱落，并将其碾碎后运到地面上来。如果向碎盐石中加水混合成盐水，运输会更加容易。

在长期开采盐矿的过程中，人们又发现了一种更简单的采盐方式。从地表钻孔开采山里的盐层，然后注入水，这样就能形成盐水。将盐水煮沸，这样水就会蒸发，盐自然就保留了下来。

到过海边的小朋友会发现，海水是咸的，因为海水里含有盐。那么如何得到海水中的盐呢？盐矿工人会将海水抽到盐场上平坦的盐池里，通过日照，让水分慢慢蒸发，盐就会被析出，保留下来。

盐有很多种类。它不仅可以用于食品调味，也可以用于食品保存、工业产品制造（比如洗涤剂或者肥皂）以及医学治疗。

熊葱盐

材料：200克盐，熊葱叶若干，1个研钵，1个带盖子的空玻璃瓶。

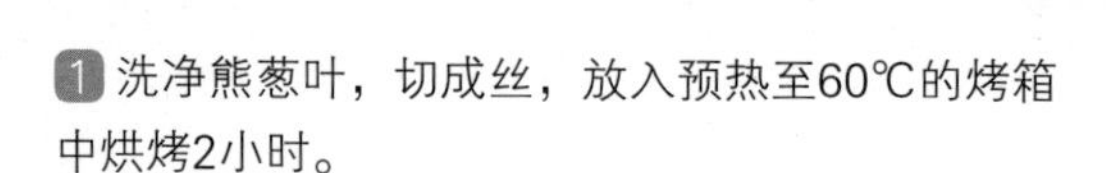

1 洗净熊葱叶，切成丝，放入预热至60℃的烤箱中烘烤2小时。

2 用研钵把熊葱叶研磨碎。

3 将研磨碎的熊葱叶与盐混合后立刻装入玻璃瓶中，拧紧盖子。你也可以使用其他香料植物，比如牛至、香菜、葱等。

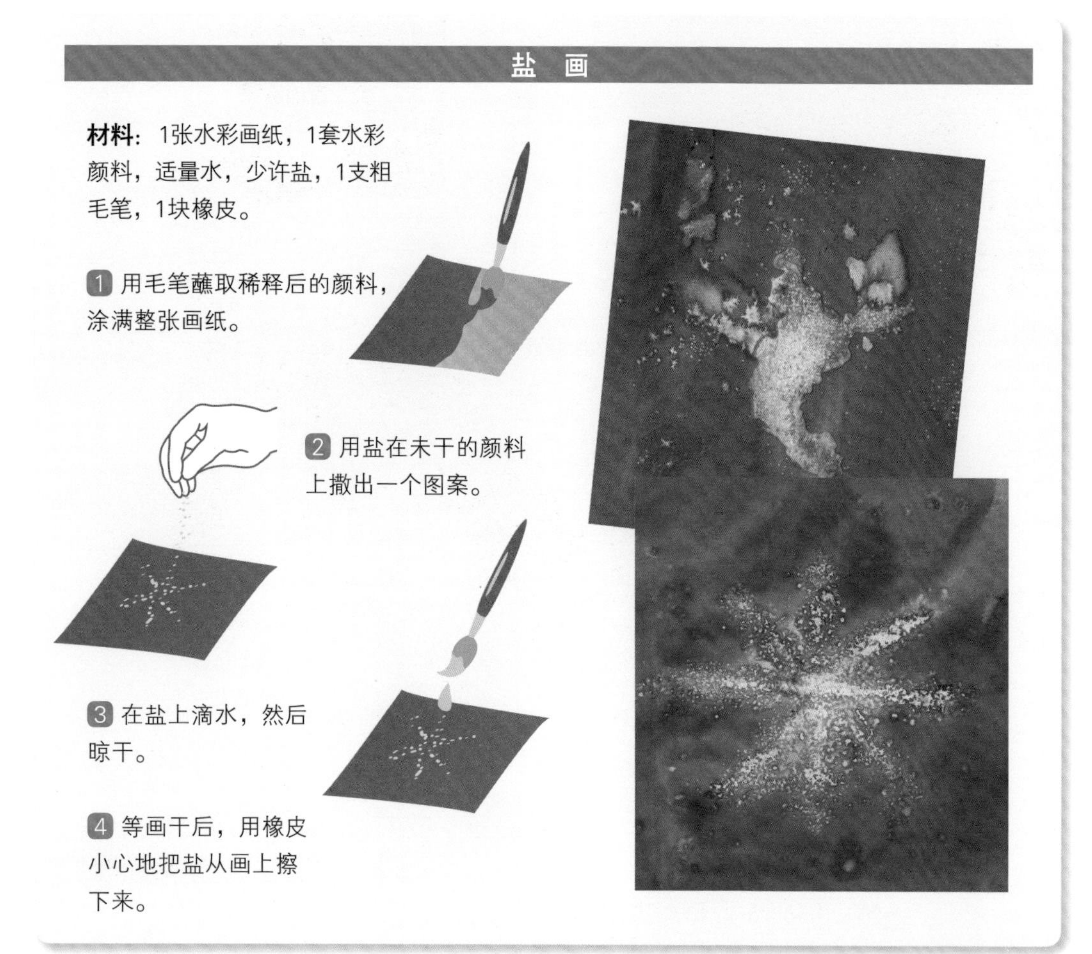

盐画

材料：1张水彩画纸，1套水彩颜料，适量水，少许盐，1支粗毛笔，1块橡皮。

1 用毛笔蘸取稀释后的颜料，涂满整张画纸。

2 用盐在未干的颜料上撒出一个图案。

3 在盐上滴水，然后晾干。

4 等画干后，用橡皮小心地把盐从画上擦下来。

可以治愈伤口的盐：将伤口浸泡在盐水中，有助于治愈擦伤和抓伤，但这样做的时候你会感觉伤口有一种被灼烧的疼痛感。盐还可以帮助我们缓解嗓子疼痛：把一勺盐溶解到一升水中，然后用来漱口即可。

我们可以借助盐降低冰点，使冰融化。因此在冬天，人们会在道路上撒融雪盐来使冰雪融化，这样人们行走和车辆行驶时会更安全。但融雪盐对植物和动物都有害，所以某些地区禁止使用融雪盐。

盐

盐是我们厨房中不可或缺的调味品。

矿盐

海盐

小颗粒矿盐

盐矿隧道

盐场

食用盐

盐舔砖

融雪盐

世界上最古老的盐矿位于奥地利的哈尔施塔特。早在3000年前这里就已经开始开采盐矿了。在很长一段时期里，盐是世界上最紧俏的商品，因此人们给它取了一个有趣的别名——“白色黄金”。

糖

糖类物质对于我们的身体而言就像汽油对于汽车一样重要：它是我们进行呼吸、走路、思考等诸多活动的能量来源。许多食物中都含有糖，如西瓜、苹果等。不过，我们的身体也可以将某些食物中的淀粉转化成可以吸收的糖，如谷物、马铃薯等。虽然纯糖并不是我们所必需的营养物质，但由于甜的东西吃起来味道不错，所以糖也就成了我们厨房中不可或缺的调味品。

纯糖可以从两种不同的植物中提取：甘蔗和甜菜。

甘蔗汁可以直接饮用，也常被制作成蔗糖。它们只生长在炎热潮湿的地区，像小麦和水稻一样属于禾本植物，茎干可长到6米高。在茎干紫色或绿色的外壳下，藏着甘蔗芯。如何将甘蔗芯中的糖制作成颗粒状的糖呢？人们会将甘蔗茎砍下来压榨出汁液。借助不同的方法，人们可以从这些汁液中获得形态不同的蔗糖。

甜菜也可以用来提取糖。甜菜生长在较寒冷的地区，有约200年的种植历史。甜菜在地下生长的块根长得像萝卜一样，含有大量的糖分。人们收获甜菜以后，会将它们彻底清洗干净，然后切成小块，倒入热水中，这样水可以将块根中的糖溶解出来。接下来，这些糖水要经过加热将水分蒸发，之后就剩下棕红色的糖了。再经过提纯，棕红色的糖就变成白糖了。

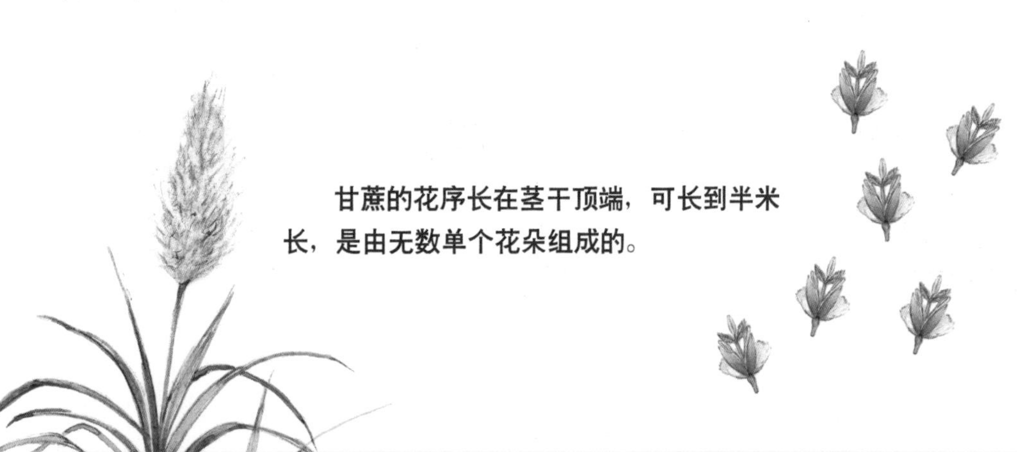

甘蔗的花序长在茎干顶端，可长到半米长，是由无数单个花朵组成的。

圣诞灯

材料： 1个透明玻璃瓶，1管无色胶水，适量砂糖，1小截蜡烛。

1. 用胶水在玻璃瓶一侧画出圣诞树或星星的图案。

2. 轻轻地在胶水上撒上砂糖，然后晾干。

3. 用同样方法装饰玻璃瓶的另一侧。

4. 把蜡烛放进玻璃瓶里，漂亮的圣诞灯就做好了。

薄荷红糖绿茶

材料： 1勺绿茶，1把新鲜薄荷叶片，0.5升水，2勺红糖。

1. 把水倒入锅中，加入绿茶和红糖，小火加热10分钟。
2. 把茶叶过滤出来，将红糖绿茶倒入茶杯中。在每杯茶中放入几片薄荷叶，清新的薄荷红糖绿茶就做好了。

隐藏的糖分： 由于糖的味道好，人们在制作许多食品中都会加入糖来调味，甚至在一些我们认为不会有糖的食品中也会加入糖，比如番茄酱、果汁等食物。但小朋友们要注意，吃太多糖是不利于健康的，尤其在你长牙的时候。

糖

纯糖可以从甘蔗和甜菜中提取。

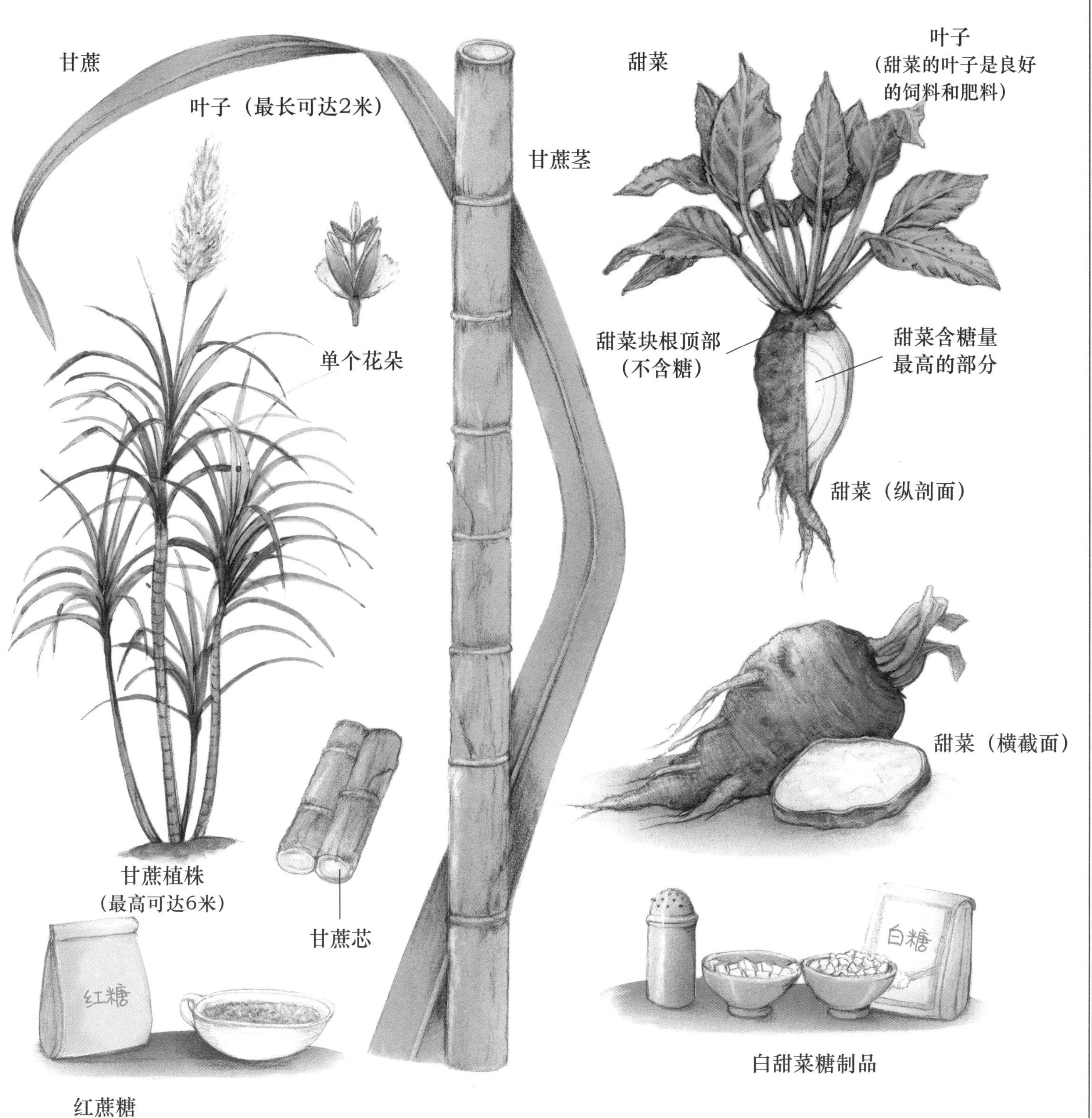

很久以前，中欧地区的人们只知道从甘蔗中可以提取糖，而蔗糖必须从热带地区进口，价格较高，所以蔗糖在当时被人们视为“奢侈品”。

南　瓜

从植物学角度来看，南瓜的花分为雌花和雄花，这一点和玉米很相似。

南瓜有许多大小、形状、颜色各不相同的品种。你见过的最大的南瓜有多重？2014年，人们在瑞士收获了当时世界上最重的南瓜，重达1054千克。

世界上共有约800种南瓜，但大致可分为两类：夏季南瓜和冬季南瓜。夏季南瓜在还没成熟时就可以采摘了，它们的外皮柔软，可以和果肉一起吃，但不易储存。意面南瓜（在中国被称为“鱼翅瓜”）就是一种夏季南瓜，但人们为什么叫它“意面南瓜”呢？因为它的果肉在吃的时候会像细线一样脱落，一根一根的，看起来像意大利面一样。另外，葫芦、西葫芦等都属于夏季南瓜。

在我们生活中，更常见的是冬季南瓜，如北海道南瓜、麝香南瓜、黄油南瓜以及大南瓜。人们通常在秋季采摘这些南瓜。它们外壳坚硬，可以储存过冬。冬季南瓜通常长有圆形的柄，人们敲打成熟后的果实时会听到低沉的“咚咚”声。

除了能够用来食用的南瓜，还有一些长得小而精致的南瓜可以用来观赏。观赏南瓜含有令人恶心和腹痛的物质，所以不能吃，只能用作装饰。

南瓜多样又健康：南瓜品种众多，用途也十分广泛——可以用来做炖菜、烘焙食品和汤，也可用来制作果酱和蛋糕。南瓜和南瓜子富含维生素、矿物质和其他重要营养成分，都是很健康的食品。

南瓜灯笼

材料：1个中等大小的硬壳南瓜，1把刀子，1把勺子，1小截蜡烛。

1 削去南瓜顶部，用勺子掏空南瓜子和黏连部分。

2 用刀子在南瓜上刻出五官。如果南瓜壳太硬的话，可以请家长来帮忙。最后，把小蜡烛放进去点燃就可以了。

在掏空的南瓜上雕刻面部五官的风俗最早来自于爱尔兰。人们相信，这些调皮的“小家伙”能够在西方万圣节的时候驱赶恶鬼。

瓠瓜龙

材料：1个瓠瓜，红色和绿色的卡纸各1张，1把剪刀，1瓶胶水，1支黑色笔。

1 用红色卡纸剪一条2厘米宽、20厘米长的纸条和两只龙的脚掌。把脚掌固定在纸条上，然后把纸条首尾相接粘合成一个圆环，再把瓠瓜放到圆环上去。

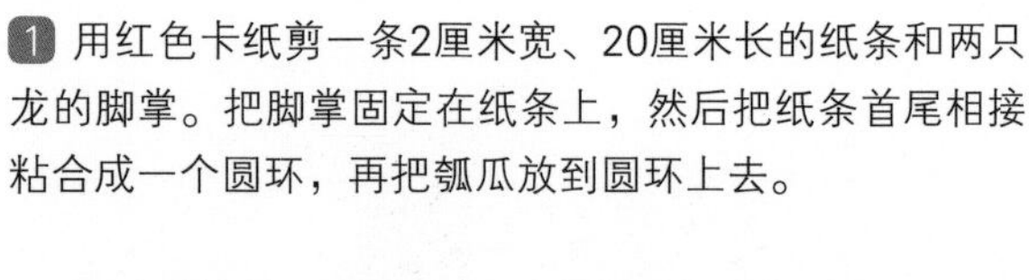

2 用红色卡纸剪出多个锯齿状尖角用来当龙脊背上的尖刺，同时用绿色卡纸剪出2扇翅膀和2条尾巴来。

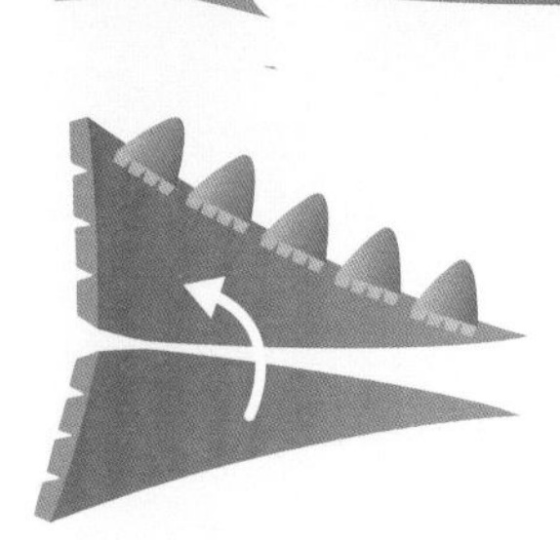

3 在尾巴上剪出粘贴口，然后把粘贴口折弯。粘几个尖角在尾巴上，然后把剩余部分粘起来。

4 把尾巴和翅膀粘贴在瓠瓜上。

5 用红色卡纸剪出眼睛、耳朵和舌头，并贴到瓠瓜上。最后画上眼睛和鼻孔，一只“可怕”的瓠瓜龙就做好了。

南瓜子既可以炒熟后直接食用，也以在制作面包、麦片、饼干等时添加在料中，是一种非常健康的食物。油南瓜种子还可以压榨出深色的南瓜子油，适用来制作沙拉和汤。

南 瓜

南瓜和南瓜子富含维生素、矿物质等重要营养成分。

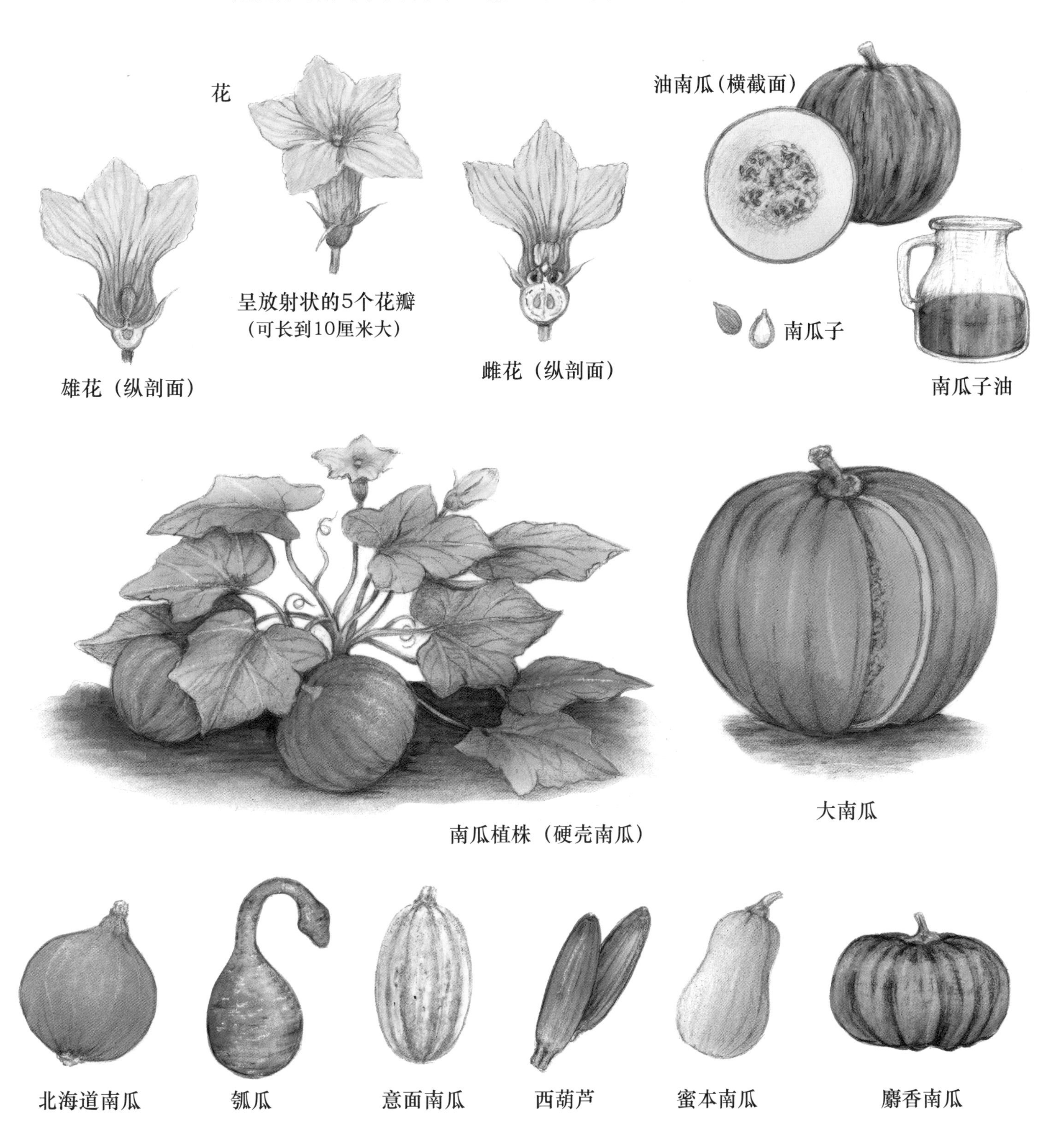

南瓜原产于中美洲，大约9000年前那里就种植南瓜了。

可　可

吃巧克力会让我们心情愉悦，你知道巧克力的主要配料是什么吗？

巧克力中最重要的配料是可可脂和可可浆，它们主要是由可可豆制成的。可可豆做成的可可粉也是制作可可饮料的重要原料。

可可树是一种热带植物，只在炎热的气候下生长。虽然可可树的树干很细，却能长到15米高。为了降低采摘工作的难度，大多数可可树都会被人工控制在4～6米高。可可树的花和果实都是直接长在树干上的，如果生长条件良好，可可树全年都可以开花结果。

可可果的外壳是黄色或红色的，大约20厘米长，在它白色的果肉中分布着大约60粒种子，也就是可可豆。人们采摘可可果时会使用锋利的刀子将它们从树干上割下来，然后将果肉从果壳中掏出来平铺放置。几天后，果肉开始发酵，发酵过程中可可豆内的一种化学物质会被去除，果肉则会变成液体流走。剩下的可可豆经过干燥、洗涤、焙烤、脱壳和粗磨，会得到可可浆。可可浆再经过压榨就可以提炼可可脂，剩下的部分则会被精磨成可可粉。

“公平贸易”标志的来历：部分可可庄园的工人们收入十分微薄，以至于不能依靠这份收入生存。为了保证工人们得到足够的报酬，有的生产巧克力的公司会在巧克力的包装上印上“公平贸易”的标志。这就代表这家公司已经对可可庄园的工人们承诺，会为他们支付公平且充足的报酬。

阿兹特克可可粉

材料：1个带盖子的玻璃瓶，适量绵白糖，1包香草细砂糖，适量可可粉，适量辣椒粉，适量糖粉。

1 在可可粉中加入少许辣椒粉混合均匀，再加入绵白糖和香草细砂糖混合起来。需要注意的是，混合好的可可粉要和糖粉的量一样多。

2 向瓶中交替加入混合好的可可粉和糖粉，使它们分为多层，每层高度相同，然后将瓶子密封。

3 找一张漂亮的卡片，写上配方，挂到玻璃瓶上即可。

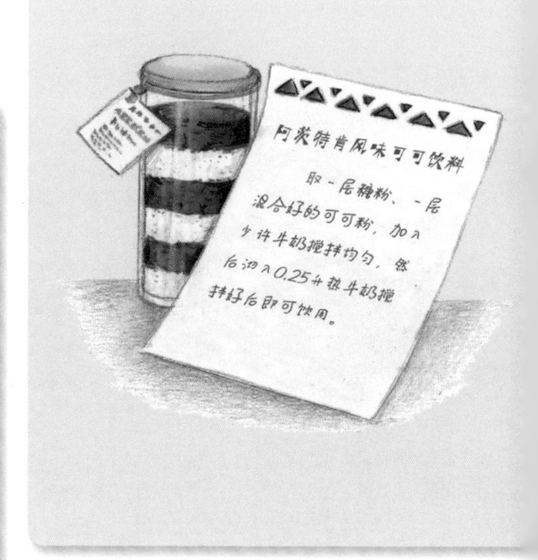

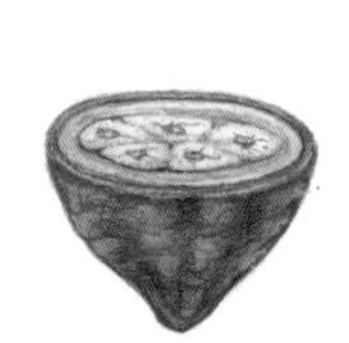

在生长着大量可可树的国家，人们会连同果肉一起吮吸可可豆，像吃甜点一样。

巧克力草莓

材料：带果蒂的新鲜草莓若干，1块深色巧克力，1口锅，1张过滤网格或烤箱纸。

1 将草莓洗干净。

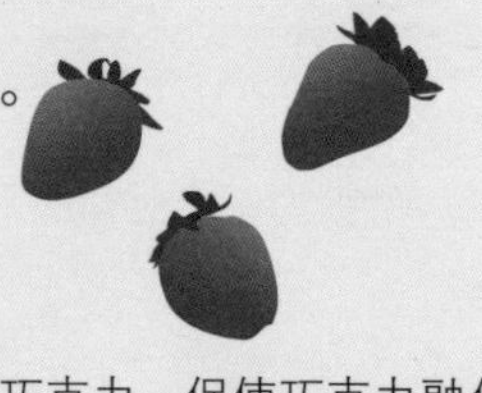

2 用锅隔水加热巧克力，促使巧克力融化，你可以请家长来帮助你完成这一步。

3 把草莓顶端浸入融化的巧克力浆中。你可以立刻吃掉蘸了巧克力浆的草莓，也可以把它们放到过滤网格或烤箱纸上等待巧克力浆凝固。

可 可

如果生长条件良好，可可树全年都可以开花结果。

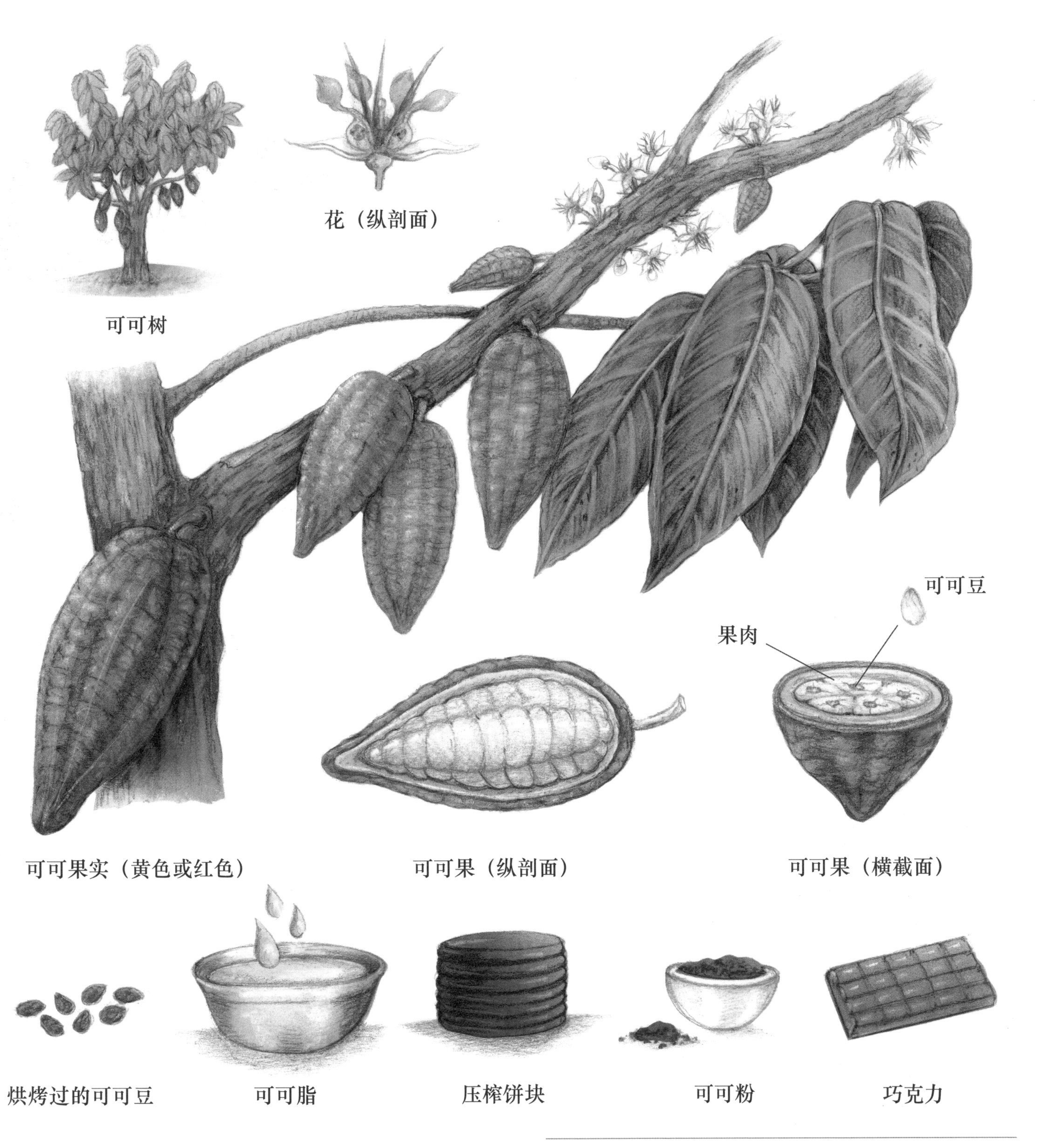

阿茨特肯的可可非常著名，在那里可可树被视为“上帝的礼物”，是非常神圣的食物。

大自然中有多种多样的资源，它们看起来是什么颜色的？闻起来有什么样的气味？尝起来有什么样的味道？摸起来是什么样的触感？请你带着这本书，和爸爸妈妈一起去亲近大自然，探索大自然的奥秘吧！

大自然中还有很多珍贵的礼物等待你去发现。本书中为你准备了有趣的思维导图，来辅助记录你对大自然的感触。请把你所发现的写（画）下来吧！

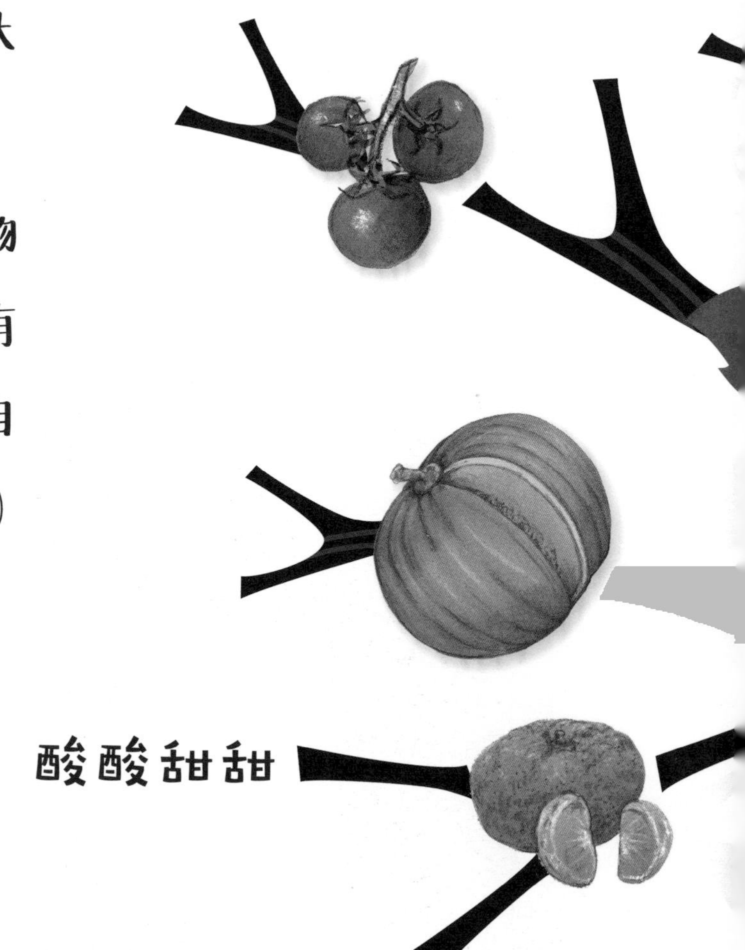

紫色
蓝色
黄色
大自然观察笔记
棕色

如果你想收到更多来自大自然的礼物，还是要亲自走进大自然，去观察、思考、记录，从而收获更多让你感到惊喜的礼物。

现在就请你给收获的礼物拍张照片贴在这里吧！